智元微库
OPEN MIND

成长也是一种美好

量子奇境环游记

给青少年的量子物理课

郭彦良 著

人民邮电出版社

北京

图书在版编目（CIP）数据

量子奇境环游记 ：给青少年的量子物理课 / 郭彦良著 . -- 北京 ：人民邮电出版社，2025. -- ISBN 978-7-115-66967-4

Ⅰ．O413-49

中国国家版本馆 CIP 数据核字第 20252QL923 号

◆ 　著　郭彦良
　　责任编辑　王　微
　　责任印制　周昇亮

◆人民邮电出版社出版发行　　北京市丰台区成寿寺路 11 号
邮编 100164　　电子邮件 315@ptpress.com.cn
网址 https://www.ptpress.com.cn
天津裕同印刷有限公司印刷

◆开本：880×1230　1/32
印张：7　　　　　　　　　　　2025 年 7 月第 1 版
字数：120 千字　　　　　　　　2025 年 7 月天津第 1 次印刷

定　价：59.80 元

读者服务热线：（010）67630125　印装质量热线：（010）81055316
反盗版热线：（010）81055315

推荐序

　　作为一名从事量子科技研究数十年的科研工作者，我深知向青少年普及科学知识的挑战与重要性。量子物理作为现代物理学的基石，其抽象性与反直觉性常令人望而生畏。而作者基于其多年在量子领域的研究与思考，以令人耳目一新的方式，将这一领域的深奥物理过程转化为一场充满想象力的冒险旅程。本书以故事的方式展现量子物理相关知识，为读者呈现了直观而深刻的物理图景。它不仅能吸引年轻读者，对成年人甚至是量子物理领域的研究者而言，也是一种启发——用生动的叙述来呈现抽象概念，使复杂的物理过程变得具象可感。在保持科学严谨性的同时，它展现了量子世界的奇妙与深邃，为读者提供了一种全新的理解方式。堪称量子科学启蒙的典范之作。

　　我深信，优秀的科普作品应当如一颗种子，让好奇与思考在读者心中萌芽。《量子奇境环游记：给青少年的量子物理课》正是这样一颗种子。它用瑰丽的想象照亮量子世界的迷雾，用温暖的故事传递科学精神的火种。我诚挚向所有渴望探索未知的年轻人推荐这本书，愿你们在这场奇境环游中，发现科学之美，点燃智慧之光。

（中国科学院精密测量科学与技术创新研究院 研究员）

2025 年 4 月 25 日

前言

亲爱的读者，当你翻开这本书时，我想邀请你和我一起，变小再变小，小到可以进入一个不可思议的世界——量子世界。

这个微观世界里的规则，和我们熟悉的宏观世界不太相同：同一粒子可以同时出现在两个地方；猫可以既是活的又是死的；光可以像弹珠般击出金属中的电子，又能化作波纹同时穿过两道缝隙；甚至还有两类性格迥异的朋友——爱扎堆的"玻色子"与特立独行的"费米子"。科学家们花了上百年的时间，才在这些看似魔幻的现象中，窥见自然最深层的密码。

而今天，我想通过一个故事，把这些有趣的奥秘讲给你听。

不得不说，这本书最初的灵感源于我未来的孩子，一个尚未降生却早已住进我心里的小生命。也许，每个孩子都是一粒宇宙的种子。我时常想，或许在未来的某一天，她会像小时候的我一样，问出相同的问题：

"爸爸，我为什么是我？世界为什么是世界？"

我希望，这本书能成为我的一部分答案。理解世界与理解自己，从来都是同一枚硬币的两面。于是，我决定为她写下一场冒险：这冒险，无关王子与恶龙，也不是用方程式和术语去堆砌高墙，而是为她造一座桥，一头连着孩童本能的好奇，另一头通向闪着微光的量子世界。

于是，我对未来孩子的妈妈说了我的想法。感谢她成为我的第一个读者，也把我那些抽象难懂的物理概念，改成了通俗易懂的文字。她和我共同创作了这本书。

在这本书里，主角"圆子"变成了一个质子，和宇宙间无数个质子一样，是光与奇迹的孩子。她不会背诵公式，也不会被黑板上的符号吓退……她会踮起脚尖，跳进一个光怪陆离的世界里，和数万亿个原子共舞。

她会牵起电子朋友"点点"的手，形成一个氢原子，然后一起勇闯电场河与两极监狱；搭上紫球流列车，去往五颜六色的彩虹谷；在看见无数个和她完全相同的氢原子后，怀疑存在的意义；潜入双缝城门，解放所有被囚禁的原子们；被巨人一般的超流体吞噬……

所以，请不必正襟危坐地阅读这本书。

你可以把它带进清晨通勤的站台，在咬下第一口早餐时，想象自己是穿越势垒的粒子；

你可以在实验室的角落里摊开它，让量子涡旋与咖啡杯里的涟漪悄然共振；

你也可以在某个无眠的深夜，望着星空，想象自己身体里的原子与这漫天繁星皆来源于约 138 亿年前的那场大爆炸。此刻它们穿越时空相聚，只为让你成为你。

书中所有看似奇幻的场景——深红世界里的双缝城门、被光镊夹住的悬浮星光、超流体里跳着华尔兹的量子涡旋……都是一段段序章。

当你某天在物理课上与它们重逢，或当你在论文数据中感觉它们似曾相识的时候，请相信，那些瞬间的灵光闪烁，会像量子跃迁的共振那样点亮你的宇宙。

这本书，让孩子从中看见奇幻冒险，科研工作者从中读到深埋在公式下的浪漫伏笔，而你或许会在翻动书页的刹那，触到童年那个攥着放大镜追甲虫的自己，他从未消失，只是被锁进了"成熟"的抽屉。

你会发现"不可能"或许只是未被观测到的"可能"；电子云的模糊边界，恰是对万物自由的隐喻；"测不准原理"好像在低语说，你不必成为最精确的答案。

最后，作为一位物理科研工作者，我想说，科学本就是成年人的童话。

只是我们常常忘记，那些改变世界的公式，最初都源于孩子气的"如果"。

我希望这本书也能是一把钥匙。

它不承诺能解开所有谜题，但希望能让你相信：

提问的勇气，比答案更珍贵；困惑中的探索，比正确更接近真理。

现在，翻开书页吧，你听见了吗？

某个氢原子正在低语：

"冒险开始了——

以光速，以疑惑，

以人类永不熄灭的好奇心。"

献给所有正在成为"自己"的孩子，

以及守护他们心中星光的人。

郭彦良

罗丹屏

于奥地利因斯布鲁克，

一个充满不确定性的清晨

目录

量子大冒险

出场人物介绍

本书的主人公，一个小学五年级的小女孩儿，父亲是一位研究量子物理的大学老师。她活泼开朗、聪明勇敢，是一个标准的外向型小姑娘！有一天，她竟然意外闯入奇妙的量子世界，"变身"成一个带正电的质子，还和一个带负电的电子"点点"手拉手组成了宇宙中最简单的原子——氢原子。作为元素周期表中第一族的老大，她在量子世界开启了一段奇妙而又烧脑的冒险！

圆子

点点

本书的另一位主角，是个"年纪"超级大的电子——约 138 亿年前宇宙诞生时他就已经存在啦！他对量子世界和宏观世界的规则了如指掌，就像是圆子的"小老师"，一路陪她走南闯北，为她解释各种神奇的现象。初见圆子时，他刻板而严肃，一起经历过这段冒险之后，他也开始思考自由和选择的意义。

老钠

老钠（Na）在第一族中排行第三，原子序数为 11，他和排行第四、原子序数为 19 的老钾（K）是兄弟。他们两个各有 11 个电子和 19 个电子，都是失去最外层那一个"调皮电子"之后，就会变身成正离子的典型代表。

铷大叔

铷（Rb）在第一族中排行第五，原子序数为 37，身体里有 37 个电子。虽然质量比圆子重了 80 多倍，但其实是个胖胖憨憨的大叔，善良又热情。在圆子遇到困难时，他总能甩着那颗最外层的电子，在关键时刻挺身而出！

铯好汉

铯（Cs）在第一族中排行第六，原子序数为 55，是本书角色中最重的成员，质量是圆子的 130 多倍！他肌肉发达、性格直爽，是个有点儿"莽"的热血英雄，经常在关键时刻不顾危险冲上前去保护队友。他说话豪迈，行动雷厉风行，是大家公认的"硬核好汉"。

氧大哥

　　氧族元素的"老大"，在元素周期表中排第 8 位。除了内层的 2 个电子，最外层还有 6 个电子。他总是能灵活地"玩转"这些电子，让人眼花缭乱。书中的氧大哥个性憨厚，虽然有点儿口吃，但却像个杂技师一样，身手了得。他的质量大概是圆子的 16 倍，既可以单打独斗，也经常和 2 个氢原子组团，变身为水分子，一起踏上旅途。

　　他们来自惰性气体家族，在元素周期表中排第二，仅有的 2 个电子刚好填满最内层轨道，所以性格非常稳定。小氦哥是"氦 -4"，有 2 个质子和 2 个中子。小氦姐是"氦 -3"，有 2 个质子和 1 个中子。他们分别是玻色子和费米子。他们虽然看起来高冷低调，却是外冷内热，关键时刻总能出手帮助圆子。不过，在极低温的情况下，他们会变身成超流体——一个宏观的量子态。

小氦哥
小氦姐

氙婆婆

　　在惰性气体家族中排行第五，在元素周期表中排在第 54 位。她的核外轨道被 54 个电子填得满满当当。在本书中，氙婆婆像一位超脱的高手，总是语气缓慢却智慧深邃。她带领圆子小队横跨电场河，穿越涡旋迷阵，是圆子冒险路上的重要引路人。她关于"规则与自由"的一番话，也深深影响了圆子对量子世界乃至现实世界的理解。

引子

"叮铃铃……"

A 城小学放学的铃声一响，五年级 4 班的教室里瞬间沸腾起来。同学们一个个兴奋地收拾好书包，像一支支离弦的箭一样离开座位，飞奔出教室。有的兴奋地和周围的人说笑打闹；有的迫不及待地冲向校门口找前来接他们的爸爸妈妈；有的三五成群，结伴回家……

不一会儿，教室里就只剩下了圆子一个人，她慢吞吞地收拾着书本，似乎这放学的铃声并没有让她觉得兴奋。

"喂！圆子，你要不要和我们一块儿去体育馆玩？"最后一个冲出教室的男同学在门口停住了脚步，回头问了一句。

"哦，不去了，我爸让我去他那里写作业呢。"圆子有些无奈地笑笑，谢绝了同学的好意。男同学无所谓地冲她摆了摆手，一溜烟就跑没影了。

于是，圆子像往常一样，把书包整理好，离开教室，往爸爸的单位走去。

圆子的爸爸就在 A 城小学对面的 A 城大学里工作，只隔着一条马路。圆子像往常一样走过斑马线，和门口的保安叔叔打了个招呼，经过一个小花园，就来到了爸爸的办公室门口。圆子的爸爸是 A 城大学的物理老师，主要的科研和教学方向是量子物理。

像往常一样，爸爸正在和几个博士生大哥哥讨论。圆子又听到了那些耳熟能详的专有名词，波粒二象性、量子纠缠态、超流绝缘体相变、量子混沌、多体效应，等等，圆子的耳朵都要起茧子了！

"爸爸。"圆子在门口叫了一声。

"圆子来啦！"爸爸上一秒还严肃认真的脸，在看到圆子的瞬间绽放出惊喜的笑容。

"圆子来啦。""圆子来啦。"一旁的博士生哥哥们，也热情地和圆子打招呼。

"哥哥们好。"圆子乖巧地笑了笑，慢慢走到爸爸办公桌旁的一张小桌子前坐下，那是专属于她的小书桌。每天放学后，她都会坐在这张小书桌前，一边写作业一边等爸爸下班。圆子看到桌上放着一本书，她看了一眼，那是爸爸编写的大学物理教材。

"一定是爸爸刚才随手放在这儿的。"圆子心想，她看了一眼不远处的爸爸，见他此刻仍然沉浸在激烈的讨论中，手舞足蹈、神采飞扬。从圆子记事起，爸爸就很喜欢给她讲述生活中各种各样的物理知识，向她揭示各种不可思议的物理规律。

"可是爸爸说的那些东西太深奥了！"圆子心想，"而且，也太枯燥了！"她随手翻开了那本书，又看到了爸爸提到过很多次的那些物理名词：电子、光子、降维、量子纠缠……圆子打了个哈欠，用手托着腮，嘴里忍不住嘟囔着："电子、光子、量子、柿子、李子、桃子……啊呜——"

她又忍不住打了个哈欠，然后她好像看到了……书里的那些物理名词，正在像蚂蚁一样往外爬。它们爬到书的边缘，轻轻一跃，跳了出来，然后变成了一颗颗桃子、李子、柿子……它们飘浮在空中，有节奏地跳动着、跳动着……咦？它们好像在围着圆子跳舞呢！

"它们跳的是什么舞啊？"圆子疑惑地想，"配乐和今天音乐课上老师教的是同一首曲子呢……"想着想着，圆子不知不觉地闭上了眼睛。

第一章

初入紫外世界

一不小心掉入量子世界

1.

云里雾里电子云

不知道过了多久，圆子忽然觉得有点儿冷，还有点儿渴。她迷迷糊糊地醒来，想去拿杯水喝，可是，当她睁开眼睛时，却被眼前的景象惊呆了！

"咦？我刚才不是在爸爸的办公室吗？！"

可是，圆子发现这里并不是爸爸的办公室。虽然同样是在一个方方正正的空间里，但这里有很多五颜六色的小球，在圆子周围来回穿梭。圆子伸出手，想抓住这些小球，可是它们的速度非常快，每当圆子以为自己就要得手时，它们就会以不可思议的速度逃出她的手心。

"仔细看看，这些小球好像又不完全是小球。"圆子嘀咕着，"它们有些像是……红色的丝带。"那些红丝带正荡漾着，往不同的方向飞窜。

圆子知道，如果睡觉时不小心压住了眼睛，那么醒来后眼前就会出现许多花花绿绿的小点，就像没有信号的电视一样。

"应该是我刚才睡着的时候压到了眼睛，所以现在看什么都是花的。嗯，应该是这样。"圆子一边自言自语，一边快速地闭上眼睛，做起了眼保健操。可是，当她做完了整套眼保健操再睁开眼睛时，看到的依然是刚才的那番景象，一点儿变化都没有。

"奇怪！怎么还是这样？我刚才明明是在爸爸的办公室里呀！难道……这是梦？"圆子伸出手掐了一下自己的脸，"哎哟，好疼啊！我……不是在做梦吗？"圆子感到非常困惑，"爸爸！爸爸！"，她朝四周大喊起来，可是连续喊了好几声，四周都没有任何人回应她，只有那些五颜六色的小球和彩带，自顾自地在她身边飞来飞去。

圆子有些慌了，她忽然觉得很害怕。"爸爸！妈妈！你们在吗？"喊着喊着，圆子开始抽泣起来："呜呜……爸爸……妈妈……呜呜……你们在哪儿啊？"

"你怎么了？为什么哭了？"一个声音不解地问。似乎是一个比圆子年纪还要小的男孩在说话，可奇怪的是——这个声音毫无情绪，像是从电子设备里发出来的机械音。圆子猛然停止了哭泣，左右张望，想找到这个声音的源头。可是，这个声音仿佛不是从任何一个方向传来的，而是飘忽不定的。

她甚至都不能确定，发出这个声音的，是不是人。因为她发现周围除了那些发光的小球，并没有任何人。"你是谁啊？你藏在哪儿呢？能不能出来呀？"

"出来？可是，我并没躲起来呀？我不是一直在这儿吗？"那个声音似乎更不解了。

于是圆子又环顾了一下四周……但她依旧没有看到任何人。身处奇怪的空间内，周围环绕着奇怪的小球，还有一个奇怪的声音。圆子觉得，这一切都是那么的匪夷所思。

"你在哪儿啊？我怎么没有看到你呢？"圆子再次大声问道。

"我就在你身边，我正在绕着你转呢。"那个声音平淡地回应道。

这番话让圆子更加摸不着头脑了："什么？绕着我转？可我怎么看不见你啊？你到底是谁？"圆子的问题像连珠炮一样发射出去，声音里透出掩饰不住的慌张。

"是的，我正在绕着你转。你能看得见我。我是电子。"那个声音继续冷静地依次回答了圆子的问题。

"电子？什么电子？你为什么要绕着我转？这里又是哪里？"圆子眨巴着她的大眼睛，并没有理解电子的回答，而是提出了更多问题。

"对，我是电子，你的电子。我绕着你转，是因为你一直拉着我。这里，是量子世界。"

"什么？量子世界？！"圆子忽然睁大了眼睛，"是爸爸经常和我提起的那个量子世界？"圆子一时间愣住了，她怎么也想不明白，自己怎么会出现在爸爸所说的那个"量子世界"。

"不对不对！爸爸和我说过，量子世界更多对应的是微观世界，和我们生活的宏观世界是不同的。所以正常情况下，人是无法进入量子世界的！"圆子赶紧反驳道。她忽然有些庆幸，爸爸平时告诉她的一些有关量子世界的知识，她都听进去了。

"人？我们的世界里只有电子、质子、光子、原子……没有你说的'人'。"电子的声音依旧很平静。

"啊？"圆子满头问号，"可是……我就是人啊！"

"你？"这一次，电子停顿了好一会儿，"可你明明是个质子啊！我们俩在一起才组成了氢原子。你怎么会是人呢？"电子的声音虽然没有感情，但此刻传递出的疑惑，却非常明显。

"不是的，我叫圆子，我是一个人！不是什么质子！"圆子明显有些不高兴了。

"你明明是个质子，为什么要叫自己原子呢？真奇怪！我们合起来才是一个原子！"电子完全没有察觉到圆子的不满，仍然自顾自地说着，"如果非要那么叫，你也应该叫自己原子核，毕竟我是你外围的电子嘛。"

"你！你真是莫名其妙！"圆子这下彻底生气了，她哼了一声，不想再理会这个看不见的声音，转身就要朝前走。

"哎，你要去哪儿？咱们应该往反方向走，电场河在那边呢！"圆子明明走出了一段距离，但电子的声音仍然在她耳边响起。她没有再去纠结之前让她生气的原因，而是好奇地问："电场河？什么是电场河？我们为什么要去那里？"

"电场河是一条河的名字，它的一端带正电，另一端带负电。我呢，是一个带负电的电子；而你，则是一个带正电的原子核。我们合在一起，就是不对外显露电性的氢原子。我们需要紧紧地拉着彼此的手，一起渡过电场河。"电子理所当然地回答道。

"这样啊……"圆子似乎听明白了，但她的头脑中却源源不断地涌进了更多的问题："电子，能让我看看你的样子吗？我只听得见你的声音，却看不见你，你到底在哪儿啊？"

"我一直都在你身边啊！大概是因为你太着急了，所以才看不见我。你试着放松，静下心来，好好地感受你周围的电磁场，或许，就能看到我了。"

听电子这么一说，圆子这才意识到，从刚才进入这个空间开始，她一直都处在一种非常紧张的情绪中。陌生的环境，飞窜的小球，没有爸爸妈妈，看不到任何人，只有她自己和这个奇怪的声音。

圆子在心里不停地鼓励自己："圆子，别害怕，没事的！

要勇敢！没事的！"她试着深呼吸，缓缓地闭上眼睛，按照电子说的那样，静下心来，感受周围的电磁场……

黑暗中，她感觉周围有一颗小球正在绕着自己飞速旋转。同时，她也清楚地感受到自己手上的拉力——她手中似乎正拽着什么东西。

圆子猛然睁开眼，果然看到自己正牵着一个个头儿很小的小男孩。他有着圆乎乎的脑袋，圆乎乎的肚皮，像一个小葫芦一样，正歪着头看向圆子，他的表情别提有多蠢萌① 了。

"哈哈哈，你好小啊，只有一点点大，哈哈哈，真可爱。"圆子忍不住笑出声来。

"电子不都长这样嘛！"小男孩不懂圆子为什么要笑，他嘟起了嘴，脸上浮现出与他可爱的外表不符的严肃表情。

"嘻嘻，那你叫什么名字啊？"圆子忍住笑问道。

"我？我是电子，没有名字。"电子淡定地说。

"啊？没有名字啊？"圆子有些惊讶，"那我应该怎么叫你啊？总不能只叫你'电子'吧？这种叫法……听上去可真不礼貌！我很难想象，如果我的同桌对我说，'人，把你的铅笔借我用一下！'或者我妈妈对咪宝说'猫，快过来！'如果是这样的话，那我和咪宝都会不开心的！"

---

① "蠢萌"，网络流行语，形容人或事物既显得有些傻气、笨拙，同时又透露出一种天真可爱、讨人喜欢的感觉。——编者注

"这样不对吗？"电子惊奇地问道，"在我们这个世界里，有千千万万个电子，大家都长得一模一样，也没有名字，更没有谁会关心我叫什么。"

"当然不对！这很重要！在我们宏观世界里，大家都是有名字的，这是你区别于其他人的一个特点。嗯……要不然，我给你起一个名字吧！这样，你就和其他电子不一样了！"圆子自顾自地说着，忽然一拍脑袋，兴奋地说："你就这么一丁点儿大，还是个电子，不如，我就叫你'点点'吧！点点你好，我叫圆子！我给你起的这个名字，你喜欢吗？"圆子说着，就要和点点握手，这才发现，从刚一开始，点点就一直紧紧地拉着她的手，于是有些不好意思地笑了笑。

"点点？"小男孩重复了一下这个名字。他也说不清自己是喜欢还是不喜欢，可他被圆子那句"这样，你就和其他电子不一样了"给打动了。虽然他也不明白这是为什么。"嗯……反正，我是你的电子，你想怎么叫，就怎么叫吧！"点点显得无所谓地说道。

"对了，你刚才说'你是我的电子，你一直绕着我转'，这是什么意思啊？还有，为什么我们得一直拉着手呢？"圆子疑惑地看向彼此紧紧拉着的手。

"因为你是原子核啊！我是你的外围电子，所以，我不得不绕着你高速地旋转，停都停不下来。在这个量子世界里，我们电子是没有选择的，我们被不同的原子核拉住，组成不同的原子。"点点理所当然地说道。

"噢！我好像听爸爸说过，电子会绕着原子核转，就像月球绕着地球转那样，对吗？"

"嗯……也不完全是。月球绕着地球转，或者地球绕着太阳转，都是因为质量，就是你们宏观世界里说的'万有引力'；也就是说，两个具有质量的物体在一起，就会产生相互的吸引力。"点点圆乎乎的小脸上，又浮现出与他外表不符的稳重表情。

"这样啊，那你说的那种力，会不会更接近于游乐场里的'旋转木马'或'飞椅'产生的力？"圆子忽然联想到了游乐场里的设施。

"那是什么？"点点歪着头问。圆子给点点详细地描述了一番之后，点点想了想，说道：

"对于在空中旋转，又被甩起来的'空中飞椅'来说，链条对椅子的拉力，就相当于你我之间的引力。这个力同时也抵消了让椅子飞走的离心力，而且这个力是沿着链条施加的，链条一断，被拴着的椅子马上就会飞走。但是咱们俩之间的力嘛，有点儿类似于引力，但又不完全是。"点点一手托腮，故作深沉地停顿了一下。

"咱俩之间的力，靠的是'电荷'，而我也不是真的在转圈圈，应该是更接近'闪现'。如果你用高速相机给我拍照的话，就会发现我的轨迹并不像月亮或地球那样，呈现出规则的圆形或椭圆形，我闪现的轨迹全部连起来，更像是一个‘球壳’。所以我在宏观世界里，不仅被叫作‘电子’，还被叫作‘电子云’。”

“哦！我好像听过这个词，就是说，你会像朵云一样，在不同的时刻，出现在不同的位置上。但是在一定的时间之后，如果把你出现的所有位置都标记出来，那就会是一个像球一样的云朵！”圆子兴奋地说。

“对，就是这样！当你知道了月球围绕地球运行的轨道之后，就可以推断出任何时刻月亮的位置，这也是宏观世界里‘阴历（月历）’的由来。但是……”点点忽然停顿了一下。

“但是什么？”圆子问。

“但是咱们的情况和天体运行不同！因为我的运行轨迹是未知的，所以你和我都不知道，下一刻的我，会在这个‘球壳’的哪个位置上。就像是随机掷骰子，需要看概率一样，因此电子云也叫‘概率云’。”

“啊……这么复杂啊！”圆子不由地感叹道。

“不复杂啊！这是量子世界的基本规律啊，你居然不知道？”点点惊讶地看向圆子。

“是啊，我一开始就说，我是宏观世界里的人，不属于量子世界！”圆子噘着嘴有些不满。

“真奇怪……那你是怎么进来的呢？”点点有些茫然。

"我也不知道。不过，比起好奇我是怎么进来的，我更想知道应该怎么出去。"圆子摊了摊手，一脸无奈。

"我想，我或许可以帮你，不过……"点点又停顿了一下。

圆子忽然觉得，点点真是个擅长卖关子的电子。

2.

真实的量子世界

"不过什么？"

"不过，我也不是很确定。我只是听其他电子说过，电场河的对岸，或许有通向其他世界的通道，只是不知道……是不是你说的那个宏观世界。"点点圆乎乎的小脸上，露出不确定的神情。

"真的吗？那我们快去电场河的对岸看看吧！"圆子话还没说完，就要拉着点点往前走。

"哎！等一等，等一等！"点点试图拉住圆子，但由于力量悬殊，还是被圆子拉得趔趄了一下。"哎哟……你慢点啊！电场河是很危险的！"

"啊？"圆子停住了脚步，"危险？怎么个危险法儿？"

点点换上一副紧张的表情："电场河是我们量子世界里最危险的一条河，因为这条河的上游和下游分别有两座监狱，一座叫正极监狱，另一座叫负极监狱。每个原子小队，都必须紧紧抓住彼此的手，一起过河。因为在渡河的过程中，如果不小心松开了手，就会被河水冲散，落入不同的监狱，过上暗无天日的生活。"

"啊，这么惨吗？"圆子有些震惊，"过不了河就要被关进监狱？这是谁规定的？你们量子世界的国王吗？"

"国王？"点点摇了摇头，"我们量子世界可没有国王。"

"没有国王……那在你们的世界里谁说了算？量子吗？快让我见见他，我要和他谈谈！"

"量子？你要见量子？哈哈哈哈……"点点实在忍不住，笑出了声。

"你笑什么？我要见量子有这么可笑吗？"圆子叉着腰，有些不满地问道。

"哈哈哈哈……"点点还在笑，"你要见量子？哈哈哈哈……它又不是个东西，你怎么见呢？"

"啊？量子他招你惹你了，为什么你要骂他不是个东西啊？"圆子有些摸不着头脑。

"噗，我没有骂谁，我是说，量子根本就不是一种能看得见、摸得着的物质。"点点终于止住了笑，"举个例子吧！你是原子核，我是电子，流淌的水是水分子，这些都是物质，都是组成这个世界的'东西'。但量子不是！量子，更像是一种规则，一种物质组成的方式。"

"那……这个方式是什么呢？"

"别着急，我慢慢告诉你。"点点继续解释，"圆子，要想知道量子的方式是什么，就要先知道量子对应的另一种方式。这种方式在宏观世界里非常普遍，就是——经典的方式。"

"经典？经典原味薯片？经典港式奶茶？……"圆子说着，有些饿了。

"不是这个意思！经典的方式和量子的方式，是两个对应的概念。从经典物理和量子物理的角度来看，可以简单地理解成：'经典'对应着'连续的方式'，而'量子'对应着'离散的方式'。"

"什么叫'离散'？它又是怎么和'连续'相对应的呢？"圆子一脸困惑。

"我用宏观世界的现象举例吧。离散和连续，就好比走路和骑自行车。走路时计算走过的步数，只会用 1 步、2 步、5 步这样的整数步去计算。无论每一步跨出的距离有多远，都不会出现 1.3 步、2.75 步这样的数字，所以我们可以说——走路的步数是离散的。"点点边说边迈出一步，给圆子做示范。

"而骑自行车就不同了，我们在计算自行车走过的路程时，会出现非整数的数字，比如 3.25 米、5.872 米。因为车轮轨迹是连续的。所以我刚才提到的量子的方式，就像走路的步数一样，是离散的。而其对应的经典方式，就像骑自行车一样，是连续的。"

"哦……我好像懂了！"圆子一拍脑袋，"经典方式和量子方式，是不是就像小提琴和钢琴？演奏小提琴的时候，我们只要拉动琴弦，琴弦上的手指随意滑动，发出的音调就是'连续'的。但演奏钢琴的时候就不同了，我们只能在固定的白键和黑键上演奏音乐，而不能在它们之间的空隙上演奏，所以奏响的音调是离散的！"

"嗯！你说得很对，就是这样。"点点肯定地点了点头。

"嘿嘿，这两种乐器，妈妈都带我学过。"圆子有些得意，"不过，你为什么说'量子，更像是一种规则'呢？如果说这个世界里的规则是量子的，那我之前所在的世界里的规则，就是经典的吗？那如果是这样，两个世界的规则不就不统一了吗？"圆子纳闷地说道。

"嗯……你这个问题很有意思，看不出你还是个爱动脑筋的小姑娘。其实，不管是量子世界，还是经典世界，都是同一个世界，它们应该是完全统一的，不应该有任何冲突。唯一不同的，是观测尺度。我问你啊，在你之前的世界里，你觉得往一个杯子里倒水的过程，是经典的，还是量子的呢？"点点以一个小老师的口吻问道。

"当然是经典的，因为倒水的过程是连续的！"圆子不假思索地回答。

"你看到那边的小溪了吗？"

圆子顺着点点指的方向远远看过去，发现很多小球挤在一条通道中，正按照一定的速度，一个一个地向前跑。

"什么？你说那是一条小溪？"圆子惊讶地问道，"那不是一堆小球，挤在一起往前走吗？"

"哈哈，那就是水分子的流动。"点点一听乐了，"你之所以认为，往杯子里倒水的过程是经典的，就是因为在宏观世界里，你们都用宏观的尺度去看待水，你觉得它是流动的、连续的。可是在我们量子世界中，以微观的尺度去看待水，它就变成了一个个的水分子，不再是连续的，而是离散的了。"

经典物理与量子物理

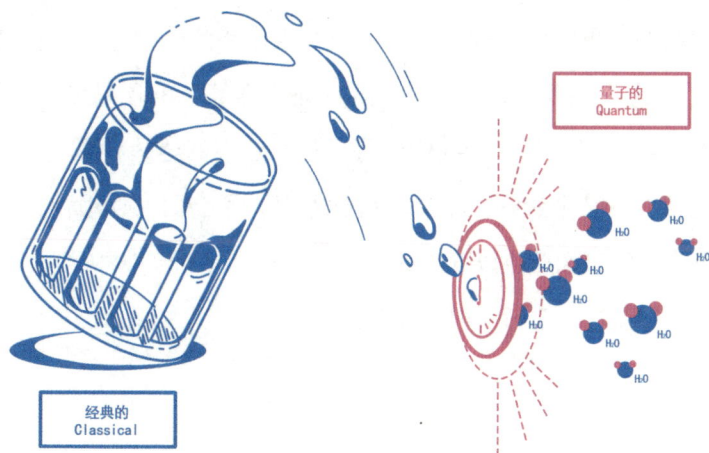

点点停顿了一下，又接着说："其实，我们两个世界看到的东西，本质上是相同的、统一的。不同的是，我们的观测

尺度不一样。而在不同的尺度下，我们会得到不同的结论。"

"噢……就像是不同的人，看待事物的角度不同，对同一件事物得出的看法和结论也不同，对吗？"圆子眨着大眼睛问道。

"是的，可以这么理解。"点点回应道。

这时圆子忽然有了新的想法："啊……那如果再回到你最开始举的那个例子，假设我们拿着放大镜去看那些连续的车轮印，可能也会发现——轮胎的印记和印记之间，同样会出现空隙，并不是绝对意义上的连续。这就说明，宏观上的'连续'，在微观的尺度下看，也可能是'离散'的。"

她越说越兴奋："那么，如果我们坐在飞机上，以一个高度更高、更宏观的视角，去看一个人走出的脚印，也会觉得脚印是'连续'的。所以，到底是'连续'的还是'离散'的方式，完全取决于我们到底是用'宏观'还是'微观'的视角看待某个过程。但这个过程本身，不会因为你用什么尺度去看待它而产生改变。我说得对吗？"

"是的，完全正确！"点点给圆子竖起了大拇指。

3.

电场河与两极监狱

圆子得意地笑了笑，她觉得要是爸爸在场，听到她说的这些话，肯定也会给她竖起大拇指！想到爸爸，圆子急切地问：“点点，电场河在哪儿？我们现在出发，要多久才能到那儿？”

“这个……”点点左右看了看，“应该是往那个方向走，”他指了指远处的一个地方，只见那里似乎有许多紫色的丝带在飘动，但仔细看去，又像是无数个小球。

“那个紫色的……就是电场河吗？”圆子有些不确定地问，“穿过那里，我就能回到我原来的世界吗？”

“应该是吧。再说了，什么你的世界、我的世界，我们是同一个世界好不好。刚才都说了，两个世界之间，只是宏观和微观的区别而已。我们现在所处的量子世界，也是你熟悉的那个宏观世界很小的一部分。”点点噘了噘嘴，又变成了那个认真的小老师。

"如果说你熟悉的世界是一张照片的话，那我们也在这张照片上。只不过，我们现在更像是照片上一个很小很小的像素点。就好比是，很多的原子组成了分子，很多的分子又组成了细胞，而很多的细胞，才会组成经典世界里的人一样。"

点点说着，用手托着腮作思考状："所以……如果你想回到经典世界里，应该有两种办法：一种办法是变得足够大，大到能让经典世界里的人看到你；另一种办法是跑得足够快，如果你拥有足够快的速度，就能获得足够高的能量，这样，应该就能回到你之前的世界了。"

说到这儿，点点忽然仰起了头："当然，我刚才说了，我们都是同一个世界！"

"好，知道啦。同一个世界，同一个梦想，要想回去就得更高、更快、更强呗。"圆子点头表示同意。

不过，点点显然没听出圆子是在玩梗①，接着说道："我听说，一直朝这个方向走，有一个大型加速器。我猜，它应该能帮你回去！"

"哈？你说的那个加速器，是不是还有五个圆环啊？"圆

① 玩梗，网络语，指利用网络流行语、特定文化元素、热门事件中的标志性语句、动作等制造幽默、诙谐的氛围，达成交流互动或表达观点的目的。——编者注

子继续开玩笑说。

"你怎么知道？粒子加速器确实是圆环，而且我还听说，需要好几个小环套在一起，才能实现从慢到快的加速。它一共有……一个、两个、三个圆环。咦？为什么你说是五个圆环呢？难道你见过？我只是听说……你要是见过的话，能给我讲讲吗？"点点丢掉他一贯沉稳的表情，好奇地问道。

"啊？我可不知道，我猜的。"圆子尴尬地笑了笑。

"可你看起来不像是猜的。你快告诉我嘛，我也很好奇呢！"点点锲而不舍地说。

"我真的……我就是，哎，我是听一个叫'奥运'的朋友说的。点点！咱们快抓紧时间赶路吧！"为了避免点点再缠着她问个不停，圆子拉起点点就往前走。

不一会儿，他俩就蹦蹦跳跳地来到了电场河岸边。圆子还要继续往前走，却突然被点点制止，她看到点点的表情突然间变得有些凝重。

"圆子，咱们准备好了吗？这条河虽然看着不宽，但是水流很急。如果我们没能抓紧彼此的话，就很可能被河水冲散。"点点看着面前汹涌的电场河，它正泛起紫色的幽光迅速地朝前流去，层层叠叠的小球和飘带充斥其中。岸边的他不禁感到有些晕眩。

"圆子，你知道吗？河的下游有座负极监狱，里面关着的原子核不仅有像你一样小的，也有比你大得多的。它们都是因为渡河时失去了自己的电子，就被河水冲进了负极监狱。它们进入监狱后，也不再叫原子了，而是叫作离子。"点点依旧注视着河水，凝重的神色并没有消退。

"离子？这个名字，像是在形容那些离开了电子的原子。"圆子有些惋惜地说道。

"是的，咱们俩组成的原子，应该算是最简单的结构了。有的原子会像咱们一样，只有几个成员，但还有些原子，会像一个小队一样，有很多很多的成员。"

"如果那些没有保住电子的原子被关进负极监狱的话，那电子呢？被抛弃的电子会去到对岸吗？"圆子好奇地问道。

"不会，"点点说着，声音明显变低沉了，"那些被抛弃的电子，会被河水冲进上游的正极监狱。正极监狱除了关押那些可怜的电子，还会关押那些贪婪的原子。"

"什么是贪婪的原子？"圆子不解地眨了眨眼。

"有些原子会拿走本来不属于他们的电子，这样的原子还有另一个名字——负离子。"点点悠悠地说。

圆子不易察觉地颤抖了一下："这是一条什么河啊？它为什么要把我们分开，又为什么要在河的上下游设立监狱呢？"

"虽然我们叫它'河'，但其实河里并没有水。确切地说，它其实是一种场，也就是电场，因为它的两端分别是正极和负极。虽然现在咱们俩手拉着手，组成了一个原子小队，但毕竟我们的电性是不同的。"点点耐心地向圆子解释着。

"我是带负电的电子，电场河的正极天然地吸引着我。一旦我离开你，你就会带正电，同时会被电场河的负极吸引。所以，如果我们想渡河的话，就要快速地穿过电场，在横穿的过程中，一定一定要抵制住正负极的'诱惑'。"

圆子默默听完点点的话，心想："正负极对我的诱惑，肯定不会比甜点和奶茶更大……所以，这应该不算什么。"

正想着，圆子看到河边出现了许多奇形怪状的原子小队，他们正陆陆续续地来到岸边，似乎都在准备渡河。

"圆子，咱们往边上去一点儿，我右边这个大叔的电子都快碰到我的胳膊了。"点点小声说。

"哈？那个大叔吗？可是他离我们很远啊。"圆子不解地问。

"那是因为他的电子多。你看不见，可我能看见，他有1、2、3……37个电子呢！"点点不满地嘟了嘟嘴。

或许是因为点点的说话声有些大，或许是因为圆子忽然后退半步的动作惊动了旁边的胖大叔。胖大叔回头看了圆子一眼，若有所思地看向电场河，开口道："你好啊，看起来咱俩应该是远房亲戚，你也要过河吗？"大叔说话时并没有回头。

圆子一头雾水，左右看看，周围并没有其他人，疑惑地想："他这是在和我说话吗？"

只见这位大叔身材魁梧，周身围绕着许多不停闪烁的小点。"这应该就是点点说的……30 多个电子吧。如果说我的点点是气球，那他的最外层电子，应该堪称铁锤了吧。"圆子心想，"他刚才说什么，亲戚？难道他也是从经典世界来的，或者说，他长得这么高大壮硕，可能去过我的世界？"

"这位大叔，为什么说我们是亲戚呀，我们在哪里见过吗？"圆子决定和他聊聊。

"嘿嘿，没见过啊，但是可以看出来，咱俩有相同的性质。你看，咱们都只有一个最外层电子，所以说咱们是亲戚嘛！"大叔憨厚地笑了笑。

"呵呵，这样就可以吗？"圆子摸摸脑袋。

"是啊，我是铷，在第一族排行老五。咱们这个大家族啊，除了老大，很少有单身汉能过这条河。"

"什么？这条河居然还歧视单身？"圆子禁不住说道，"呵呵，铷大叔，你有这么多电子、这么强的力量，过河肯定是小菜一碟咯！"

"唉，也不是像你想的那样。长得越胖吧，其实就越够不到最外层的电子。最外层电子离得太远了，让我总是有心无力，鞭长莫及啊……"铷大叔叹了口气，"但是我们重要的性质呢，又都取决于最外层的电子。是不是啊，电子？"他好像对周围的空气问了个问题。

"是！"没想到 30 多个电子突然齐声回答，声音洪亮，非常有气势。

圆子心想："这么多电子，都不知道铷大叔在问谁。嗯，这就是没给电子取名字的麻烦。不过……要是真给这么多个电子挨个儿取名字，咳咳，想一想……好像更麻烦呢。"

铷大叔听到电子们的回应，心情大好，继续说道："前些日子，咱们家族的老三'钠'就和他媳妇渡过了这条河。找到媳妇之前，老三天天见原子就问：'我最外层的电子，你们谁要啊？'嘿嘿……我能理解他，留着最外面的这个电子，我也会觉得躁动。或许把他扔掉，我才会更有安全感。"

铷大叔絮絮叨叨地说着："老三最终还是找到了一个卤素家族的姑娘，叫氯。这个姑娘，之前一直在到处找原子要一个电子，别人说给她两个，她还不要，说她只要一个。这不，她正好和老三碰上了，他俩一拍即合，就在一起了。嗯！好的另一半，就是会让你觉得踏实、稳定！"铷大叔说着，眼睛里不自觉地流露出了一丝羡慕的神色。

"卤素家族？那会不会很咸啊，卤味儿里酱油放多了不仅咸，还会变黑呢。"一旁的圆子一本正经地说道。

"咸是什么意思啊？反正他们合起来之后，大家都管他们叫'氯化钠'。"铷大叔挠挠头。

"氯化钠！那不就是食用盐嘛！哈哈哈，那是挺咸的。"圆子捂嘴笑着说，"那铷大叔，你为什么不……"圆子本想问他为什么不再等一等，等找到伴儿后再过河。

可没想到，她话没说完，铷大叔就摇晃着身体，抢着他最外层的电子，助跑了两步，直接跳进了电场河里。

只见他吃力地牵着最远处的电子，快速地向前游，不一会儿就快游到河中心了。可是，就在这时，原本被他牵着的最外层电子，不知道为什么，突然松开了手！

霎时间，那个电子就被冲向了上游，而刚刚还在和圆子聊天的铷大叔，在河中央艰难地摆动着身躯，瞬间就被'河水'卷向了下游。那是负极监狱啊！那可是囚禁原子的地方！

只是，让圆子不解的是，她看到铷大叔原本坚毅的脸上，似乎正露出一丝不易察觉的笑意。眼看着他越漂越远，圆子呆愣在了原地，不禁觉得有些伤感。

电场河的激流

"这……怎么会这样？"面对这突如其来的变故，圆子一时有些不知所措。

"唉，不用替他伤心。"一个老婆婆的声音在圆子身边响起。"他虽然失去了最外面的电子，但他现在一定会觉得更稳定，也更舒服。"

"可是，他被送去负极监狱了啊。那里没有自由，只有暗无天日的囚禁。"圆子难过地说着，还是无法从遗憾的情绪中抽离出来。

"监狱？如果那里都是你的亲朋好友、知己同类，大家和谐相处，没有是非，没有争斗，那我还更想去那儿呢！管它叫什么名字，监狱也好，其他也罢，都无所谓。"老婆婆呵呵笑着。

"至于'自由'嘛……在监狱之外，你的确可以去不同的地方，但是去哪儿、怎么去、去了那里会发生什么，一切都是未知的。你觉得，和豺狼虎豹共处一个大屋子，难道就比和亲朋好友共处一个小屋更自由吗？"

见圆子没回答，老婆婆又继续说："你以为的自由，只是空间维度上的自由，但其实，自由是多维度的。身体行动的自由，只是其中的一个维度。"

"那您觉得，他也是这么想的吗？他舍得让他的电子离开他吗？"圆子显然无法认同老婆婆的说法。

"呵呵，在我们这个世界里，可没有想与不想，也没有舍得与不舍得，万事万物都在遵循规则。规则是无情的，却也是公平的。如果这个世界有自己意愿的话，那它的意愿应该是让能量变低，这样就会变得更稳定。"老婆婆脸上泛起难以捉摸的笑意。

圆子并不能理解老婆婆的话，但这让她回想起铷大叔被冲向负极监狱时脸上露出的不易察觉的释然的笑意。这个画面在圆子的脑海中浮现，挥之不去，让她感到困惑不已。

圆子回过神来，想继续问老婆婆其他问题时，却看见老婆婆往前跨出几步，一个飞身，就轻飘飘地浮在了电场河上，就像是武侠电影里的轻功一样，衣袂飘飘，轻巧渡河。

"老婆婆！您能不能教教我们，该怎么过河啊？"圆子站在岸边，朝着老婆婆的背影大喊。

"小娃娃，会就是会，不会就是不会，教不来的。"老婆婆摆了摆她的手杖。

"这是什么话……不会难道就不可以学了吗？还没教我，怎么就知道我学不会呢！"圆子不甘心地嘟囔着。

"她说得对，"一旁的点点说道，"有些能力是天生的，不是靠后天学来的。就像有些电子是被选中的，它原本也没得选。"

"哎哟……点点，你怎么也开始跟着打哑谜了？"圆子无奈地叹了口气。

"哈哈……没有没有，现在该轮到我们过河了！"点点轻轻晃了晃圆子的手。"你会担心我在河中央松开手吗？"

"不担心！毕竟点点你是我唯一的电子。虽然你在我的最外层，但你也在我的最内层呀！反正我呢，是不会松手的。我相信，你也不会松手，对吧？"圆子转过头，充满自信地说道。

"嗯！那我数'3—2—1'，我们一起助跑冲过去。"点点也打起了精神。

"好！我们一起数！"

"3—2—1！"

只见圆子和点点紧紧拉着彼此的手，一起冲进了波浪汹涌的电场河里。

4.

变幻莫测的河中河

当点点和圆子跳进电场河之后，才发现事情并不简单！因为他们一冲进去，就感受到了河水对他们施加的力，那个力不断猛烈地撕扯着他们，仿佛存心要把他俩分开。

"圆子，咱们可千万别松手啊！"点点再次提醒圆子。

电场河里还有许多其他原子小队。他们有的像铷原子一样，用超长的铁链，拖着最外层的电子；有的像圆子一样，电子就在自己身边；还有的，最外层有非常多的电子。

河里的其他原子核们，都和圆子保持着相同的状态——紧紧地抓着自己的电子。原子核们刚进入河里的时候，原本与电子的相对位置是混乱的：有些是电子在前，原子核在后；有些是原子核在前，电子在后；还有些像点点和圆子一样，原子核和电子并行着冲进河里。

只是，无论大家进入时是什么顺序或位置，在游了一段时间之后，就都变成了一个固定的朝向——电子朝着上游，原子核朝着下游。

圆子和点点也不例外，他们正朝着河中央游去，同时感受着来自电场河巨大的拉力。这个力想把他们分开，点点被拉向上游，而圆子被拉向下游。圆子看向下游的尽头，那里，应该就是铷大叔不小心掉入的负极监狱吧。

"点点，原来这就是铷大叔松开他外层电子的原因！"圆子一边说，一边试图对抗水中的拉力。

"是啊，所以你可别松开我的手！"点点紧张地回应她。

圆子举目四望……这条河非常宽，即便她现在是在河里，也看不到明显的边界。只能远远看到，河的中心区域隐约泛着幽暗的紫光。

她和点点眼睁睁地看着，有些原子小队因为抵抗不了电场河里的拉力，松开了彼此的手。河中的力，就像一双无形的大手，将他们无情地拉开。那些最外层的电子，霎时间就被河中的湍流推着，滑向河的上游。

点点看得目瞪口呆，更是将拉着圆子的手臂绷得笔直。

不知道过了多久，大家似乎慢慢适应了电场河中的拉力，不再像刚入水时那样惊慌失措了。就连圆子也似乎从紧张的情绪里挣脱了出来，她看向身边其他原子小队，大家脸上凝重的神色都渐渐淡去，她甚至还听到旁边的钙原子问："安全了吗！我们现在是不是都安全了？"

"是啊！我们应该快到河中心啦！"一起渡河的其他伙伴也都开心地喊起来。虽然大家仍然保持着同一个僵硬的姿势，但喜悦之情已经浮现在每个人的脸上了。

"呼……"圆子也松了一口气，"之前看到铷大叔过河那么凶险，我还以为过河特别难呢！其实只要适应了水里的拉力就行了。"

"嗯……可是我觉得，"点点小声说，"不对。"

"啊？哪儿不对了？"圆子看向点点，觉得它脸色不太好，"点点，你是不是不舒服？"

"没有啦，我没有不舒服。我只是觉得不对。你看旁边的钙原子和钠原子，"点点的目光转向他们，"他们怎么都还好好的，没有被冲入监狱呢？"

"你这话是什么意思啊，点点？你难道想让这些原子们都进监狱吗？"圆子睁大了眼睛，难以置信地问，"刚才铷大叔被冲进负极监狱，多可怜啊！你怎么能这么想呢？"

"可怜？不会啊。我没什么感觉，我既不想他们被冲走，也不想他们过河。嗯……简单来说，他们能不能过河，和我没什么关系。"点点冷冷地说。

"你，你这也太冷漠无情了！"圆子不满地噘起了嘴。

"情？为什么要有感情？我们这个世界是由规则统治的世界，所有的感情倾向，都会让这个世界变得更加混乱。个体的偏好和选择，都会是这个世界熵增的来源。达到一定能量就电离，达不到就不电离，这就是规则，跟感情偏好有什么关系？"点点一脸理所应当的表情。

"可是，你现在牵着我的手，跟着我一起过河，不就是一种选择么？如果你现在松开了手，不和我一起过河，不也是一种选择吗？我们每时每刻，都在做选择啊。"圆子焦急地说。

点点沉默了一会，刚想反驳，只听圆子又说道："哎！点点你看，那个不是刚才的铷大叔嘛！他居然没有被冲进负极监狱！"

"噢，那是铷原子，但肯定不是刚才那个。这个世界里的铷原子很多，长得也都一模一样。被冲走的那个不可能马上回来，所以，这应该是另一个。不过，你也没办法区分他们，因为粒子具有全同性嘛。"点点朝那边看了一眼，漫不经心地说道。

"啊？什么叫全同性？这和同性异性有什么关系？即使长得一模一样，也是两个不同的原子啊，怎么会无法区分呢？"圆子很不理解。

"我的同学里也有双胞胎，两个人虽然长得完全一样，但他们还是能被区分的，比如，他们穿一样的衣服，但是戴不同颜色的发卡，叫不同的名字，用不同颜色的笔袋……"圆子回想着她的双胞胎同学身上的不同之处。

"你也说了，一定要有所不同，才能区分。所以不管是穿不同的衣服，叫不同的名字，或者由父母规定好谁是老大、谁是老二，这些不都是人为的区别吗？"点点看向圆子，"你想想，如果都长得一模一样，那除了这些人为的外部标记，还能怎样区分他们呢？"

"你说得对，我们区分双胞胎的很多方法，都是外界故意给出不同的标记。但他们自己也有不同之处啊，比如性格！他们有自己不同的性格和想法，当他们有了自我意识之后，就会有不同的喜好和选择；而当他们有了不同的偏好和选择时，他们就是不同的！"圆子斩钉截铁地说。

"但在你们的世界里，就没有性格相同的人吗？"看上去，点点对圆子所说的"独特性"的论据并不服气。

圆子愣了一下，想了想，又继续补充道："在我们的世界里，虽然有很多人看起来性格相似，甚至大多数人都有相同的偏好和价值取向，但这是因为人们有一个统一的道德标准。这样的'从众'行为，或许是相对'安全'的，但这也并不妨碍大家各自拥有独特的人格，所以他们还是不同的！"

"但在我们这个世界里，所有的原子，不管是铷原子还是铁原子，都不会觉得自己和其他的同类有任何区别。"点点笃定地回应道，但下一秒却又像是想起了什么，"咦？等一下……好像不对。"

"嗯？哪里不对？"圆子疑惑地问。

"这个铷原子为什么没有被电离呢？既然刚才那个铷原子

松开了手，那这个铷原子为什么没和他的电子分开，没被冲进两极监狱呢？"点点突然提高了嗓门。

"哎呀，点点，别大惊小怪的，我还以为怎么了呢。或许是因为……这个铷原子和他的最外层电子关系好呗！"圆子撇了撇嘴。

"不对，"点点赶紧否定，"你仔细想想我刚才对你说的话，这个世界是不会根据有没有感情来做出选择的。不会因为哪个原子和他外层的电子关系好，就会拉得更紧。或者说，根本也不存在'关系好不好'这种说法。"

点点一脸严肃："铷原子和他的最外层电子之间的力的大小，只取决于电荷量和距离，根本谈不上什么'感情'或'关系'。看来你还是没有理解，规则是我们这个世界里唯一的标准！粒子具有全同性，也就是说，这个铷原子和刚才那个被冲进负极监狱的铷原子，是没有任何区别的！"

"你的意思是说……在这个世界里，就算是双胞胎，或者说，是有着不同思想的双胞胎，他们在相同的环境下，被相同的力推了一下，也会出现相同的反应，对吗？比如，都踉跄一下，或是都摔倒。"圆子觉得她好像能理解点点的意思了。

"那么……对于质量相等、电子数和结构相同的两个铷原子，就更是如此。没道理第一个被冲进了负极监狱，而这个却还好好的。"

"是的，这就是我的疑问。"点点若有所思地说。

"啊！"边上传来的呼喊声打断了他们俩激烈的讨论，发出呼喊的应该是钠原子大哥们。放眼望去，前方的钠原子小队，渡河渡到一半，电子就被迫和原子核分离了。只见电子们被行进速度极快的紫球卷走，而少了一个电子的钠原子们，纷纷变成了离子，不情愿地带上正电，被冲向下游的负极监狱。

这时，所有渡河的原子小队都如惊弓之鸟，包括圆子和点点，惨叫声此起彼伏。圆子看到，前方有很多原子们都被河流卷进了负极监狱，心里也不由自主地害怕起来。

原来，在广阔无垠的电场河中心，还有一条河。而这条"河中河"，在一定距离外，是根本看不见的。只有游到它的边缘，才能发现它的存在。

这条"河中河"里漂浮着无数密密麻麻的小球。它们以相同的速度，沿着外部的那条电场河流动。里面的小球颜色不同，除了占大多数的紫色小球，还有绿色的、蓝色的小球。

"你快看啊，点点！"

点点顺着圆子指的方向看去，只见刚才以为幸免于难的铷原子大叔和他的最外层电子也被冲散，分别被冲向两极监狱。

看到这些，圆子开始打退堂鼓了，她想，不如先回到岸上去："点点，咱们不如回去吧，这里太危险了，我不想过河了。"

"不行啊，这可不是我们想走就能走，想回就能回的。不然，为什么看到这么多原子小队被冲散，大家还是会前仆后继地往前游呢？"

圆子回想了一下刚才经历的场景：在河岸上时，所有的原子小队都显得杂乱无章；可是一进入河里，大家全都整整齐齐地列队站好。似乎确实像点点说的那样，大家进入河里之后，就会不由自主地向前。"好像是这么一回事，可这又是为什么？"

"因为我们受到电场力的影响啊！现在我们都只有向前的速度，如果没有额外的力施加到我们身上，我们就是想改变方向，也改变不了。"点点圆乎乎的小脸上，没有一点儿表情。

"啊……怎么会这样？"圆子失望地喃喃道。

"因为规则。这就是微观世界的规则。不遵循规则，你有再多想法，也不过是空想。"

"规则，规则，到处都是规则。没有想法，没有感情。哼，你们都是唐僧吗？唐僧还有自己的意愿呢，他肯定也有爱吃的素菜和不爱吃的素菜！"圆子无奈地抱怨。但她清楚，现在的自己，就像是在真空中飘浮一样，无处着力，只能沿着最开始的速度向河中心移动。

虽然点点想依靠"说话"来分散圆子的注意力，但是弥漫在他们之间的焦灼情绪并没有得到缓解，因为他们马上就要到达"前线"了。伴随着此起彼伏的喊叫声，越来越多的原子小队被"河中河"里的紫球冲散，送进不同的监狱。

尽管不情愿，圆子他们还是来到了那个让原子和电子"心碎"的地方。只不过，眼前的一幕却让圆子惊呆了。就连自诩了解这个世界的点点，也没见过这样骇人的场面。

圆子就像坐在过山车的第一排那样害怕，因为她清楚地看到，这条"河中河"里漂着的蓝色、绿色、紫色的小球是怎么凶猛地把那些原子和他们的电子撞开的。就比如说，在她前面的钙原子大哥……

只见那位大哥和他拴在身边的两个电子一起，率先漂进了"河中河"。迎面而来的，首先是一批绿色小球，小球气势汹汹地冲向他们，打在他和电子们的身上。一开始，他并没有什么反应，他的两个电子也似乎没有受到任何影响。但随着钙原子继续向前漂去，又有一批紫色的小球随之而来，径直撞向钙原子。

圆子以为他会像之前那样安然无事，没想到，钙原子的那两个电子突然各自吞下了一个紫球！吞下紫球的电子不停地颤抖着，似乎变得异常狂躁，绕着钙原子核运动的速度变得越来越快！

忽然，钙原子大哥牵着那两个电子的链条断开了。两个吞下紫球的电子一齐松开了手，只见钙原子惊叫了一声，比一旁的钠原子更快速地冲向了下游的负极监狱。

而那两个被切断链条的电子们，在被卷入正极监狱的过程中，躁动着依次把小紫球吐了出来。他们在吐出紫球后，似乎恢复了原来的稳定状态，但终究摆脱不了被关进正极监狱的宿命。

看到这一幕，圆子不禁打了个寒战。她想起之前在学校里排队打疫苗的场景：越是快要轮到她时，她越是害怕。而这种害怕，会在看到针头扎进前一个人的胳膊时达到极点。

此时此刻，圆子面临一样的处境。但不一样的是，她知道打针就疼那一下，但进入负极监狱之后会发生什么，她却完全不知道。这种未知，让她感到异常恐惧。

"点点，你害怕吗？"圆子的声音有些颤抖。

"还好，这些你能看到的小球，应该伤不到我。我怕的是那些不可见的小球。你能看到它们吗？"点点淡淡地问圆子。

"点点，你好好想想你在问我什么好吗？你问我能不能看见……那些我看不见的小球？好了，别装淡定了，你都紧张得语无伦次了。"圆子忍不住揶揄道。

"呃……你说得好像有道理。我这个问题是有点儿傻。嗯，我准备好了，来吧！"点点和圆子保持着手拉手的姿势，漂进了"河中河"。他们像之前的钙原子大哥一样，漂过了满是绿色小球的区域，也顺利通过了都是蓝色小球的区域，马上就要碰到那些凶猛的紫色小球了！

　　圆子回想起刚才的一幕，不由得把心提到了嗓子眼儿。她眼看着两个漂浮的紫球冲向点点，忍不住大喊："点点，小心！"

　　只见点点淡定地看了一眼小紫球。它们撞向点点，然后从他身旁穿过，往后方漂去。看到点点一脸稳如泰山的表情，似乎并没有要吃掉小紫球的意思，圆子终于长长地舒了一口气。

　　"点点，你太棒了！你没去吃小紫球！你要是吃掉它们，恐怕也会变得躁动不安，然后松开我的手，离我而去的。"圆子不禁感叹。

　　点点默默扬起了头："我现在虽然不吃，但并不代表我不想吃，而是我不能吃——因为他们满足不了我的胃口。"

　　"哎，你就不能说些让我安心的话吗？哼，那你的意思是，你更贪心呗，满足不了你的胃口，你就不吃他们。"圆子白了点点一眼。

　　话音刚落，圆子就看到前方又涌来密密麻麻的小紫球，她瞬间就慌了。

　　"完了完了，这么多小紫球，这下能满足你的胃口了。怎么办啊，点点，我不想和你分开啊。"圆子瘪了瘪嘴，觉得心里很难受，她可舍不得点点离开她！

　　但出乎她意料的是，一旁的点点轻声说了一句："放心吧，不会的。"

只见密密麻麻的紫色小球，像迎面而来的子弹一样射向他们。圆子不自觉地眯起了眼睛，试图用手去遮挡。但点点真如他说的那样，并没有要吞掉小紫球的意思，淡定地穿过小紫球的包围圈。

圆子稍稍感到心安，但还是紧紧牵着点点的手，她可不想被小球们撞进监狱里去。

过了好一会儿，他们惊心动魄地穿过了各色小球的封锁圈，继续向电场河的对岸漂去。

"我们安全了吗？"圆子有些不敢相信地问。

"看样子，应该是的。"点点似乎松了一口气。

"谢谢你，点点！你抵制住了诱惑，没有去吃那些紫色小球。"圆子笑着对点点说，"是你让我们这个原子小队，平安地穿过了凶险的'河中河'！"

点点听了很受用，但还是沉稳地回应道："不是我能抵挡住诱惑，而是他们满足不了我的胃口。如果单个小球满足不了我，那就算再多，也满足不了我。"

"哈？这是什么逻辑啊？一个馒头你吃不饱，那一万个馒头也不能让你吃饱？"圆子又懵了。

"就是这个逻辑啊。你看到的那些小球，叫作光子，它们因为波长不同，所以具有不同的能量。紫色小球的战斗力强，是因为紫色光子的波长比绿色、蓝色的都要短，所以频率更高，能量也就更高。当单个小球的能量满足了钙或钠原子最外层电子的胃口时，那些电子就会吃掉小球，以获得更高的能量，实现从'基态'到'激发态'的转变，甚至脱离原子核的束缚，变成自由电子。"

看到点点一脸严肃的表情，圆子知道，点点这个小老师又上线了。

"但我的胃口比他们大。我的胃口，是由我们两个一起决定的。这些光子的频率，或者说单个光子的能量，如果达不到我的需要，我就不会吃掉它。因为光子是一个一个的，光子的能量也是一份一份的，不能叠加。所以，由于单个光子的能量满足不了我的需求，那即便有再多的光子，也不会对我产生任何影响。这就是光电效应，也是我们量子世界的法则之一。"

"哦哦，我大概懂了，因为一个馒头没法满足你的胃口，所以即使给了你一百个馒头，你也会选择一个都不吃。"圆子觉得自己应该听懂了，"而如果一个包子能满足你的胃口，那么你就会把包子吃掉。在这里，量子的方式是指，馒头只能是单独且大小一致的，不会因为想要满足你的胃口，就把两个馒头揉在一起，变成一个更大的馒头，是这样吗？"

"呃……虽然我不知道'馒头''包子'都是些什么粒子，但你说得大体没错。"点点说着点了点头。

圆子托着下巴又想了想："这个光电效应还挺有意思！我记得，老师对我们说过'量变引起质变，坚持就是胜利'，但是在光电效应的过程中，量变可能就只是量变，而坚持，也不一定会胜利。一个馒头没法满足电子的胃口，那么就算给它更多馒头，也只是徒劳，因为它想吃的是包子，根本就不是馒头。所以，只有正确的量变，才会引起质变，也只有坚持走向对的方向，才有可能胜利。不然，任何努力都只会是白费功夫。"

"嗯，你理解得没错。"点点朝圆子投来赞许的目光。

"可是……点点，那我选择的这条路，如果坚持走下去，会回到原来的世界吗？会找到爸爸妈妈吗？"圆子心里开始忐忑起来，如果选错了，她会不会就回不了家了？会不会就只能一直留在这个世界里？

"别担心，会有办法的。"身边的点点看出了圆子的不安，轻声宽慰道。

第二章

世外桃源
彩虹谷

5.

量子世界的光子"电车"

圆子和点点顺利渡过了"河中河"之后，继续漂向电场河的最后一段。在这一段路程中，他们没有再看到五颜六色的奇怪小球，但仍然不敢掉以轻心。整个过程中，两人还是保持着手拉手的固定姿势。

又在河里漂了一段时间之后，他们终于有惊无险地上岸了。

"呼！终于上岸啦，'河中河'那一段，实在是太惊险了！合作愉快啊，点点，give me five（击掌）！"圆子终于卸下了心里的防备，向点点伸出了手。

"呼，是啊。"点点也松了一口气，"你让我给……给什么……废物？"

"哎呀，就是击掌，庆祝一下！"圆子一脸无奈。

"哦哦，可是，我们一直是牵着手的呀。"点点有些疑惑。

"也对，哈哈。"圆子笑了笑，又看了看自己的另一只手。她目光转向身后："哎，你看！后面的队伍也在陆续上岸呢。"

"哎呀！好……好险啊。总……总算上岸了。早知道这么凶险，我……我……我就不……去什么彩虹谷了！"一个声音结结巴巴地从圆子后方传来。

圆子回头看去，只见一个微胖的大哥，一屁股坐在了岸边，他的头上套着 2 个电子，周围还环绕着 6 个电子。圆子看着这样的组合，觉得有些滑稽。环绕着胖大哥飘来飘去的 6 个电子，让她想起马戏团里手中同时抛着 6 个橘子的杂技演员，不由地"扑哧"一声笑出来。

听到笑声，胖大哥和他身边的电子们齐刷刷地看向圆子。圆子有些不好意思地止住笑，开口道："你好，我叫圆子，这是我的电子点点，我们也是刚上岸的。"

"噢，痒……痒……"胖大哥一边"抛着橘子"，一边说。

"痒？哪里痒？需要帮你挠一挠吗？"圆子感到很奇怪：他为什么会觉得痒呢？难道是穿过电场河的后遗症，又或者是他还带着没吐干净的光子？

"氧……氧原子，就是……是我。嘿嘿，你……你好。"胖大哥终于把话说全了。

"哈哈，原来是氧原子大哥啊。幸会幸会，我之前的 10 年，都是因为你才活下来的，今天终于见到本尊啦。"

"啊？什……什么……意思啊？"氧大哥摸摸自己圆圆的

脑袋，满头问号。

"哈哈，没……没什么，那个，你刚刚提到的'彩虹谷'是什么地方啊？"圆子赶紧转移话题。

"哦，彩……彩虹谷啊，那……那就说来……说来话长了，那儿啊……据……据说超……超美的，还……还有舞……舞会。"圆子能感觉到，氧大哥很想把话说清楚，可他脸憋得通红，却"茶壶煮饺子——倒不出来"。

圆子站在一旁，很耐心地等着他把话说完。

"快别说了，专心耍你的杂技吧。"一个清亮的声音从不远处传来。圆子转过身，看到一个面无表情的小男孩，从电场河里漂上了岸。他身形微胖，看似与圆子年龄相仿，但那副淡定从容的姿态，却有着远超同龄人的成熟。

圆子看着他飘然而至，不免在心里小声嘀咕："虽说看着淡定……可我怎么觉得，他有点儿无精打采的呢？奇怪，这个风格，我好像在哪见过。"

"哼，要等你把这一长串话说完，彩虹谷还在不在，都不好说了。"小男孩来到圆子和氧大哥身边，语气中对氧大哥略带嫌弃。圆子心想，这也许就是他说话的特有风格。只见他外围环绕着的两个电子，都显得异常乖顺。他控制着它们，就像公园里的老爷爷手里把玩两个核桃一样自然。

"你好，你过河的样子真是优雅，你是怎么做到的？"圆子礼貌地问小男孩。

"呵呵，因为一般波长的光子都伤不到我啊。"小男孩漫不经心地回答。

"这，这样啊……呃，我是圆子，请问你是？"

"呵，这么明显都看不出来吗？"小男孩伸出手，给圆子看了看他手里转着的两个"核桃"。

"哦！你也是……耍杂技的？"圆子恍然大悟。

"哈哈哈哈——"旁边传来氧大哥爽朗的笑声，"他……他是氦，氦。"

"嗨？"圆子有点儿懵了，小声向身旁的点点求助，"点点，这是什么意思啊？"

"他是说'氦原子'，就是一种惰性元素。因为他有两个电子，自己就能把外层轨道填满，所以光子很难和他发生什么反应，也就影响不了他。"点点耐心解释。

"嗨……原来是氦啊，嘿嘿，怪不得刚才你那么淡定地漂过来呢，原来你是懒惰气体，懒得和光子有什么交流啊。"圆子不以为然，"对了，我过河之前，在岸边见过一个老婆婆，她的行动和你这种轻功的身法很像，所以她也是氦吗？"

"什么懒惰气体啊？我们叫'惰性气体'！"小男孩翻了个白眼说道，"哼，你说的那个老婆婆，应该是氪婆婆，也是我们这一族的。"

"哦。小氦哥，你也要去彩虹谷吗？"

"不去，那里的热闹和我有什么关系？"小男孩不屑地说。

"那你要去哪儿？我想去宏观世界，听说需要找到一个加速器，你知道去那儿的路怎么走吗？"

"哼，我当然知道。我要去的是超冷世界，那里是量子世界通向宏观世界的入口。我们族的原子都会去那里，不过，去那儿的话，应该也会经过彩虹谷。"小氦哥明显犹豫了一下。

"是吗？那里是通向宏观世界的入口！从那里能去人类世界吗？"圆子忽然被小氦哥的一番话点燃了回家的希望，兴奋起来。

"不知道。"小氦哥漠然地回了一句，又像是一瓢冷水，把圆子希望的小火苗浇灭了一半。

"不……不管……怎么说，现……现在……大家都……要去……彩……彩虹谷，那……不……不如……就一起……走吧。"一旁的氧大哥急忙开口打圆场。

是啊，只要有回家的希望，无论如何圆子都会去尝试一下。于是，三个原子小队，跟着前方成功渡河的大部队，浩浩荡荡地朝着彩虹谷走去。

一开始，大家有说有笑，并不觉得累，但走着走着，大家渐渐都有些疲倦了。

"我……我听说……这……这里有……"氧大哥忽然开口。

"嗯，有什么？"小氦哥抬了抬眼皮。

"有……有电车……去……去彩虹谷。"

"有电车？真的吗？什么样的电车？"圆子打起了精神。

"不……"氧大哥刚开口说出一个字，就听旁边的小氦哥接话："他可不知道。"

"啊？"圆子刚想追问几句，走在他们前面的那些原子小队突然骚动起来。接着，队伍行进的速度也突然加快了。

于是，圆子他们也加快了速度，想赶到前面去看看发生了什么。赶到前面后，他们发现，眼前的场景和之前电场河里的"河中河"非常相似！

只见很多暗紫色的小球，正以很快的速度和很高的能量朝前飞去。那些小球汇聚在一起，远远看去，仿佛一柄柄利剑，化为一道道暗紫色的光柱，射向远方。

圆子看到这样的画面，不禁回想起刚才在"河中河"遇到的惊险场面，顿生惧意："哇，这些小球……"

"喏，这些小紫球去往的方向，就是彩虹谷了。"一旁的小氦哥解释道。

可是，出乎圆子意料的是，那些跑在前面的原子们，居然没有选择避开那条紫球流，而是一个接一个地跳了进去，被淹没在紫球中，被无数的小紫球簇拥着朝前冲去，而那个方向……似乎是电场河的下游。

"哎？他们这是在干什么？"圆子惊讶地问。

"在加速去往彩虹谷啊！"小氦哥一脸理所当然，"这就是氧原子刚才想说的'紫球流电车'，它还有一个名字，叫'光子电车'。"

"是……是啊……我……我们……也……也过去吧！"氧原子大哥说着，一个箭步朝前跨去。不一会儿，就和圆子他们拉开了一段距离。

"这氧大哥，行动可比说话利落多了……"圆子还没反应过来，就见氧大哥已经回过头来冲她招手了。只见他连同手上抛着的 6 个"橘子"，转眼间就稳稳地落入紫球流中。

"点点，要是我也跳进去的话，你会吃掉那些小球吗？"圆子犹豫着问道。

"应该不会。"点点看了她一眼。

"你确定吗？"圆子还没等到点点的回答，一旁的小氦哥就推着圆子，也进入了紫球流电车中。

紫球流电车

被紫色小球包围着的圆子，看向另外两个一动不动的小伙伴，有些不解："咦？为什么我们不能像前面的原子那样，被这些小紫球推着走啊？"

"是……是……因为……"氧大哥回应着。

"是什么是啊，呵呵，好像你知道原因一样。"小氦哥笑了两声，"来，你俩试试，和我一起跑起来！"小氦哥话音刚落，就顺着紫球流快速流动的方向跑了起来。

"唉，你等等我们呀！"圆子一边说，一边带着氧大哥跑起来去追小氦哥，"氧大哥，你也太厉害了吧，你居然还能一边跑步，一边抛你的'橘子'！"圆子回头看了一眼氧大哥，佩服地说。

小氦哥越跑越快，圆子在后面追得上气不接下气。"你……你……你……你怎么跑得这么快啊……等等我们啊！"圆子一边气喘吁吁地跑着，一边朝着前面的氦原子大喊。

"圆子，圆子，我……我感觉，有点儿不太舒服……"身边的点点忽然开口，脸上的表情有些不对劲。

"怎么了，点点？你的脸色……怎么不太好？"圆子看向点点，发现他的小脸痛苦地拧成了一团。

突然，点点一下子将一个小紫球吞了下去！圆子吓了一跳："点点！你怎么了？你别吓我啊！你怎么把小紫球吃下去了？它不是满足不了你的胃口吗？"

圆子彻底慌了，着急地想："难道点点要离开我了？不是说他的胃口很大吗，怎么一下子就把紫球给吃进去了？之前没跑起来的时候什么事也没有，怎么现在变成了这样？难道是'跑起来'的原因？氦原子无缘无故地带着我们跑起来，他为什么要这么做？难不成是想让点点吃掉小紫球，然后离开我？哼，氦这不是害我吗？怪不得叫氦！"

一瞬间，圆子的脑袋里闪过各种念头。

"点点，你还好吗，你可千万别丢下我啊！"圆子在一旁焦急地喊道。

紧接着，点点又把那个小紫球吐了出来。只不过，圆子还没来得及喘口气，就看到点点又把另一个小紫球吞了进去。圆子看呆了。不一会儿，点点就随机地吞吐了好几个小紫球。

圆子很快发现，点点虽然吞掉了小紫球，但并不像她在电场河里看到的其他电子那样，因为吞下小紫球，就松开和原子核拉在一起的手。

相反，圆子感觉到她和点点之间的拉力变得更大了。而且在点点吞吐小紫球的过程中，他们好像在加速朝着彩虹谷进发。小紫球就像是河水一样，推着他们朝前漂去。

"不用担心，"小氦哥说，"你的点点正在吸收光子，从基态转化为第一激发态，然后自发辐射出一个小紫球来，再从第一激发态，回到基态。他不会变成自由电子，脱离你的束缚。它只是在帮你加速而已。怎么，你感觉不到吗？"

"我感觉到了在加速，可这是为什么呀？"圆子疑惑地问。

"你可以这样想象：你正在湖中心的一艘船上，湖水平静，没有任何暗流，你和船都是静止的。这时，有一个人在岸边朝你扔了很多大石头，而且都是用同样的速度朝着同一个方向扔。如果你接住这些石头，把它们抱在怀里，那你会朝着什么方向运动？"小氦哥问。

"水面是平静的，也没有摩擦力，我接住这些飞来的石头……那我会朝这些石头本来的运动方向运动！因为，动量是守恒的！"圆子自信地回答，心想，多亏爸爸之前曾告诉过她"动量和能量守恒"，不然就答不上来了。

"哎哟，还算聪明，"小氦哥继续说，"如果你把这些石头以它原来的速度、原来的方向扔出去，你所在的小船就会停下来。因为这就相当于石头的速度和方向没有变化，而你的速度也不应该有变化。反之，如果你把石头用它原来的速度，朝它来时的方向扔出去，那你就获得了两倍的反向速度。不过……"

小氦哥停顿了一下，继续问："如果你不停地接住以相同速度、相同方向抛过来的一万块石头，但每次把石头朝任意方向扔出去，那会发生什么？"

"会发生什么？嗯，让我想一想，我扔出的这一万块石头的方向是随机的。那平均下来，获得的平均动量就是0，我不会因为随机地扔出石头而获得任何速度。但是我接住的石头，却都是从同一个方向来的，所以这些动量最后都会传递给我。所以我会一直不停地朝着石头原本运动的方向加速！"圆子茅塞顿开。

于是，还没等小氦哥开口，她又说道："太神奇了！我明白了，点点正在不断地吞掉来自同一个方向且具有相同速度的小紫球，然后将它们随机地朝各个方向吐出去。这些小紫球，就是带着速度和动量的石头。"

"所以我们就获得了这些小紫球传递来的动量。怪不得我们现在加速朝着彩虹谷进发，却一点儿也不费劲！"圆子开心地跳起来，想明白这些原理让她很高兴。

"你……你是……不费劲。我……我在这儿忙着吃……吃小球……吃完了吐……吐小球。"点点忙得连一句完整的话都说不出。

"噢，对不起，点点。我忘了是你在驮着我往前走。辛苦你了，我得好好谢谢你。小氦哥，我好像理解它为什么叫'光子电车'了。"

"没错，看来你懂了。"小氦哥点点头，依旧是那副淡定的表情。

"嗨……嗨，圆子！"氧大哥忽然出现，快速从圆子身边飘了过去。只见他手中的6个"橘子"都在拼命地吞吐着小紫球，忙得不可开交。而他的速度，也确实比圆子更快。毕竟，这 6 个电子就是六驱车啊，能不快嘛！

"哼，就知道你不是在叫我。"小氦哥对着氧大哥的背影白了一眼，嘀咕着。

"对了，小氦哥，我还要对你说声对不起呢。我刚才还在心里怀疑你、责怪你……我以为你让我跑起来，是为了让点点吞下小紫球离开我呢。"圆子低着头，歉疚地看了小氦哥一眼。

"哼。"小氦哥轻哼一声，似乎并不在意。

"不过，为什么一开始我的点点没吞掉小紫球，但是跑起来之后就可以了呢？"圆子问道。

"你知道多普勒效应吗？"小氦哥问。圆子摇了摇头。

"唉，刚才还夸你聪明呢。那你有没有这样的经历——在铁轨旁，火车朝你开过来时，声调是越来越高的，但火车离你而去时，声调却越来越低？不仅仅是火车，高速路上开过去的汽车，也是这样。"

"嗯嗯，这个我记得！因为火车朝我开过来时，声音离我越来越近，这时，声音频率，也就是音调，会变高！反之，如果火车离我而去，声音离我越来越远，我听到的声音频率就会变低，音调也就会降低。对吗？"

"哼，你不过是把我说的话重复了一遍，当然对。那我再告诉你，能让点点从基态转化为第一激发态的能量范围是固定的，而且很窄。你现在知道为什么了吗？"小氦哥扬了扬头，又问道。

圆子沉默了一会，好像突然想明白了："因为，我们和小紫球的相对速度越大，多普勒效应就越明显，那么频率的偏移就会越大。一开始我们静止的时候，因为多普勒效应偏移之后的频率和点点需要的频率，或者说，和点点的胃口并不匹配，所以，他没法吞掉小紫球。"

"但当我们跑起来之后，我们与小紫球的相对速度就变小了，多普勒效应的效果就变弱，而这种频率的偏移幅度也就变小了。一旦这个频率和点点的胃口一致，点点就能吞掉小紫球，再吐出来。我说得对吧？"圆子说完，得意地看向小氦哥。

"哼，不算笨。"小氦哥说，"还有个更简单直白的道理，不过，这个道理和物理没有什么关系。"

"什么道理啊？"圆子问。

"如果你想让别人帮你，那你得自己先努力跑起来才行。"小氦哥认真地说。

"咦？我怎么感觉……我爸爸也说过这样的话。看样子你也没比我大多少，说话这么老成！"圆子噘了噘嘴。

其实，她在心里是认同这句话的。她记得，以前她问爸爸数学题，爸爸总是说，她要自己先做，不要一上来就觉得不会，需要别人帮她。那时候爸爸也说过："要让别人帮你完成一件事，首先你自己得拼尽全力才行。"

圆子开始想念爸爸了："唉……不知道爸爸妈妈和家里的小猫咪，现在都怎么样了？"

圆子想着想着，觉得自己的速度好像越来越快，眼看着小氦哥也离她越来越远。只见小氦哥手里的两个"核桃"纹丝不动，丝毫没有要吞吐小紫球的意思。圆子怕小氦哥掉队，焦急地朝他喊："小氦哥，你怎么落下这么远了，快加把劲儿赶上啊！"

"别担心我，你们快走吧，我是没法搭上光子电车的。能打动我的光子，需要有极高的能量，所以我很少受到光子的影响。我这个性质，能保护我安然通过电场河，但在这里，就没法利用光子和原子的相互作用来加速了。"

"啊？怎么会这样……"圆子一时有些接受不了。

"任何性质，都没有绝对的好与坏，人不可太贪心了。"小氦哥无所谓地朝圆子摆摆手。

"那我也可以停下来吧？我不是非要坐'光子电车'去彩虹谷的，我可以陪你一起慢慢走过去！点点，咱们不吞小紫球了，咱们停下吧！"圆子冲着点点说道。

"没用的！你忘了点点和你说过的话吗？我们这个世界的统治者，是规则。当小紫球的频率和能量和点点的'胃口'匹配时，他就不得不这么做了。所以，这事由不得他。"小氦哥为了能让远离的圆子听见，大声喊，"你说过，我是懒惰气体，所以我也懒得和你们这些叽叽喳喳、吵个不停的原子一起走！你们快走吧！向前走！别回头！"

"可是，我还要去那个超冷世界呢！你不是也要去吗？我想从那里回到宏观世界啊！"圆子带着哭腔焦急地问，"我之后要怎么才能找到你啊？小氦哥，我们还能再见面吗？"

圆子不明白，为什么小氦哥先让她和氧大哥都跑起来，等他们都坐上了光子电车，自己却要慢慢地走。她也不知道，等她和点点到了彩虹谷，还能不能再见到小氦哥？

"别见面啦！"小氦哥大声喊，他停顿了一下，又用只有他自己能听见的声音说，"就算再见，也不要在超冷世界见吧。我怕在那里，我也会像他们一样，变成一个怪物……"

6.

神秘的彩虹谷

眼看着小氦哥慢慢变成了一个小点儿，直到再也看不见，圆子和点点乘着光子电车，也终于来到了紫球流的尽头。

只见四面环绕的高山把中间的山谷围了起来，远远看去就像是一只大碗，只是"大碗"中什么也没有，只是一片茫茫的白色。

"那儿，就是彩虹谷了吗？"圆子看着眼前的景象，喃喃地问。

"应该是吧，你看，这种四周高、中间低的地势，形成了势阱，将所有的原子和小光球，都压在了山谷里。"点点回应道。

"可是，那儿看上去什么都没有啊？"圆子看到那一片空旷的白色，有些疑惑。

"是啊。不过，我听说彩虹谷就像一个世外桃源，气候宜人，平静祥和。没有要剥夺原子、电子的暗紫色小光球，也没有要把离子和电子吸走的强电场，更没有恐怖的两极监狱……"点点一贯认真的小脸上也浮现出向往的神色。

随着点点的话音落下，他们乘坐的光子电车速度也渐渐慢了下来，而他们在不知不觉间，离那个山谷越来越近了，近到可以看见——

原本的那片白色忽然消失不见了，取而代之的是各种各样、五颜六色的小球！正如这山谷的名字"彩虹谷"一样，红、橙、黄、绿、青、蓝、紫，绚烂的颜色充斥其中，宛如打翻了彩虹姑娘的调色盘。

仔细看去，小球们还有些细微的不同，比如，红色的小球形状偏椭圆一些，既像一颗颗橄榄球，又有点儿像红色的飘带；而紫色的小球，看上去比红色的小球更圆一些。

远远看去，彩虹谷里的各色小球们，在原子之间来回地跳跃、穿梭着，把山谷分成了红色、黄色和绿色三大区域。山谷里的原子们也显得非常活跃，他们在其中蹦跳、追逐，脸上都洋溢着快乐和喜悦。

"这里好热闹啊！"圆子也被这欢快的气氛感染了，"原子们都蹦蹦跳跳的，大家是在跳舞吗？"

"我听说，彩虹谷是我们量子世界里最包容的地方，无论是原子、电子，还是离子，都可以在这里快乐地生活。"点点向圆子解释道。

"哇！真的吗？那我们快下车，加入他们吧！"圆子说着，拉起点点，从光子电车上一跃而下。

…………

几个中等身材的钾原子，正蹦蹦跳跳地朝前跑去，一边跑一边喊着："三哥，三哥，你跑得好快啊，等等我们！"

前面的钠原子回过头，见是一群钾原子跟在身后，忙不迭地说："老四，你们快点啊，那边的比赛已经开始了！"

"哎呀，没事，又没有严格的进场时间。三哥呀，你……哎哟！"答话的那个钾原子，话还没说完，就被一个高速运转的东西"嘭"的一声撞飞了，发出了一声惨叫！

只见那个被撞飞的钾原子，又撞向了身边的其他钾原子。"哎哟""哎哟""哎哟"，只听见周围的叫喊声此起彼伏……过了好一会儿，撞击的劲儿被其余的原子们卸掉之后，大家终于回过神来，扶起第一个被撞的钾原子和那位罪魁祸首。

"哎哟……对不起对不起，我不是有意的，我刚刚实在是刹不住车！"方才撞向钾原子的那位肇事者，忙不迭地向他道歉。

"唉……你这小身板，怎么还飙车呢？你利用撞我来刹车，这种方式是不是有点儿伤身体啊？"被撞的钾原子语气中不免有些埋怨。

钾原子定睛一看，发现眼前的这位肇事者也是一个原子。她外围仅有的一个电子，已经被刚才的撞击弄得晕头转向，绕着原子核运动的轨迹，明显变混乱了。

但被撞到的钾原子，脸上的怒气却突然变成了喜色，他激动地说："哎哟！大哥！是你吗大哥？"

撞过来的原子听到这句话，觉得有些莫名其妙，好奇地回头看了一眼，"咦？周围也没有别的原子啊。他这是被撞迷糊了？还是我身后有什么看不见的暗物质？"她疑惑地摸摸脑袋。

"大哥！我就是在叫你啊，你不用回头，你就是我们的大哥。三哥三哥！你们快来看，刚刚撞我的，是大哥！"那个钾原子带着一副"发现新大陆"的表情喊道。

钠原子们和钾原子们纷纷朝他俩围过来："呀……还真是大哥。大哥！大哥！"他们冲着这个像天外来客一样的小不点喊道。

"你们搞错了吧？我刚到这儿，怎么会是你们的大哥呢？而且……我是个小姑娘啊，你们管我叫'大姐'都比'大哥'更贴切，"圆子讪讪地说道，"哎，不对，我也不是你们的大姐。你们一个个人高马大、身材魁梧，外围还有好多电子……我只有一个电子，怎么能是你们的大姐呢？"

圆子看着被她撞到的钾原子，他的外围足足有 19 个电子呢！不过，有 18 个电子都在离原子核稍近一些的轨道上，最外层的轨道上也只有 1 个电子。和之前的铷大叔类似，只是电子和原子核的距离没有他抡的铁链子那么长。

"不好意思啊，我叫圆子，我的电子叫点点，我们是坐光子电车来这儿的。也不知道怎么回事，我们加速了一段时间之后，就不加速了。看不见小紫球之后，我们就下了'高速'，但我不知道该怎么停下来，也控制不好方向，就撞上这位大哥了。"圆子依旧抱歉地说着，点点也还是迷迷糊糊地继续在圆子身边转圈。

"没事儿，这就是我们这个世界里通用的减速方式——撞！大家都是第一族嘛。没事儿的，大哥。哎，大哥，你是金属吗？"钾原子一边摆摆手，一边说。

"我，我不是啊……我就说你们认错人了。"

"怎么会？"一旁的钠原子开口了，"你就是我们的老大！你这最外层，不也是只有一个电子吗？所以说，咱们都是第一族的。咱们第一族除了老大，其他成员还叫作'碱金属'。因为老大你不是金属，这才把族主之位交给了二哥。"

"啊？这……"圆子一脸茫然。

钠原子继续说："但你永远都是咱们第一族的老大。我排行老三，我是钠，内层有10个电子，正好是'十全十美'，外层只有一个电子。刚才帮你刹车的是钾，排行老四，最外层也只有一个电子。当然，他内层还有18个电子，主修……哎，老四，你练的是什么功法？"

"我……我练啥？"钾原子也懵了，不明白为什么见到老大，还要说自己练什么功法，便随口说道："那个，我内层有

18个电子，我主要……嗯，就是说……练一个，呃……降龙十八掌。对，降龙十八掌。"钾原子快编不下去了。

"我之前好像听别人说过，好像是……是铷大叔说的。"圆子托着腮，艰难地回忆着。

"对，对，铷是老五嘛。没错，你看，你就是我们的老大。"钾原子接着说。

"哦……那我明白了！不过，你们还是别叫我'大哥'或'老大'了吧！不如你们就叫我圆子吧！你比我大，我就叫你老钾吧！"圆子不好意思地笑笑，对钾原子说道。

"好呀，那我也叫你圆子吧！我是钠原子，你可以叫我……"一旁的钠原子也凑上前来。

"既然我叫他'老钾'，那就叫你'老钠'吧！"圆子一拍脑门说道。

"好啊好啊，那就叫'老钠'吧。"钠原子应声道。

"老大，哦，不对，圆子，你是特意来彩虹谷找我们的吗？"老钾接着问。

"呃，我……我是慕名来彩虹谷的。从远处看过来，这里白茫茫的一片，什么也看不见。后来走近才发现，原来别有洞天！对了，我刚才好像看到，那一侧有几个黄色和红色的球场，那是用来做什么的呀？"圆子赶紧岔开了话题。

"噢，那个啊……我们正要去那两个球场呢！那儿在举行两场球赛，一场是我们的，还有一场是老四他们的。"钠原子说着，便邀请圆子和点点一起过去："走吧，圆子，和我们一起过去看看！"

"哇，还有球赛，太好了！我正想见识一下原子足球队呢！那咱们一起过去吧。"圆子说着，跟着钠原子他们一起小跑起来。

不一会儿，圆子他们就来到了球场边。他们先走到闪着黄光的赛场上，只见那里热闹非凡，许许多多的钠原子在里面蹦蹦跳跳，摩拳擦掌。

"圆子，我们该上场了。老四他们在那边红色的球场里比赛。"老钠用手指向红色的球场，向圆子介绍道。

"是啊，我们也要去比赛了。圆子，你在这边看完之后，可以去那边找我们！"老钾也向圆子发出邀请。

"好啊好啊，你们加油，我一会儿过去找你们！"圆子笑着，比了个加油的手势。

圆子和钠原子们先来到了黄色的足球场。她想起，上一次看足球赛还是在她小时候，是爸爸带着她去的。绿色的草地上分列着两支球队，每队有 11 个人，要把球踢进对方的球门才算赢。

钠原子足球赛

圆子那时还小，也不懂什么战术和球技，只记得当时的气氛非常热烈。球赛结束之后，她觉得像是看了场电影。而现在，她要在这里见识一下，什么是原子足球赛，想想还真是很期待呢！

不过，圆子来到观众席上时才发现，球场本身其实并不是黄色的，而是因为有很多黄色的小球在其中飞舞，给人一种错觉，以为它是黄色的。

"咦？这些黄色的小球，不会就是老钠嘴里说的'足球'吧？"圆子瞪大了眼睛问。

"是的，场上大概有30多个队员，他们一共在踢100多个足球呢。"点点数了数，肯定地说道。

"那……这还是足球赛吗？"圆子想起有一次，奶奶在爷爷和爸爸专心看球时发出的疑问："你们说，这 20 多个人咋都抢一个球呢？一人买一个玩儿呗。"

"哈哈，不知道奶奶是不是也看过原子足球赛？"圆子想到这里，不自觉地笑出了声："那么……点点，这样的球赛怎么才算赢呢？"

"呃……这个，我也得先看看他们是怎么踢的。"一向博学的点点，也有了为难的时候。

就在这时，他们看到一个钠原子最外层的电子，正带着一个黄球朝前跑。跑了一段距离之后，直接一脚把这个球给踢飞了，球朝着观众席而去。

这个球擦着圆子的头发飞了出去。而踢出这个球的钠原子，则像无事发生一样继续朝前跑去。黄球来得太突然，圆子差点儿没躲开。"点点，没打到你吧？"圆子直起身子，焦急地看向点点。

"没有。你忘啦，我的胃口很大的，这什么黄球、红球啊，伤不到我的。"点点有些骄傲地说。

"呵呵，我看他盘球的姿势很专业，还以为他技术不错呢，没想到竟然是瞎踢！这是朝哪传球呢？踢得太差了！"圆子脱口而出，说完才意识到，这好像是爸爸看球时经常说的话。

"圆子，他没有瞎踢，这就是'自发辐射'。你忘了咱们是怎么加速的了？我刚才是怎么'吞吞吐吐'地让咱们加速的？"点点认真地看向圆子，仿佛是要考考她。

"我当然没忘！我们之所以能沿着一个方向加速，是因为你吞进去的小紫球都来自同一个方向，但是你不断吐出去的小紫球，方向却是随机的。因为随机吐出的大量小紫球的动量平均之后，就是0；但由于吞进去的小紫球方向相同，所以能不断地积累小紫球的动量，不断地加速，而这个加速的方向，就是小紫球前进的方向。"

圆子用肯定的语气说完，又皱了皱眉继续道："所以说……他们能接到球，完全靠运气？传球的时候，不管队友在哪，只是随便找一个方向，大力地踢一脚？"

"是呀！"点点觉得没有任何问题。

"哈，这算什么足球赛啊？"圆子大跌眼镜。

"所以谁能赢球，就是看谁传到队友脚下的球多呀！这就是我们的原子足球赛，我也是第一次看到，嘿嘿，好精彩啊！圆子，在你们那个世界里，足球不是这样踢的吗？在你们宏观世界里，大家的足球技术都很好吧？"点点好奇地问。

"嗯……踢法确实不太一样。不过，我也听爸爸说过，他说有些队员的风格，就是自己低头带球，被堵得没办法了才传球，传球的时候也是随机踢一脚，能不能被队友接到，全看运气！"

圆子说着说着，忽然觉得这样的比赛一点儿技术含量都没有，和掷骰子比大小一样，全看运气，不怎么有意思。

　　"点点，那边是老钠他们的另一场比赛吗？离得有点儿远，看不清楚！"圆子指着远处的一片黄色问，这儿的比赛让她兴味索然。

　　点点看了看远处，犹豫地说："我也不知道，不过看上去也是一片黄色，和这儿差不多，你是想过去看看吗？"

　　"好啊好啊，咱们去看看吧！说不定那边能比这边有意思呢！"圆子说着就站起来，可她站起来了好一会儿，点点都还没有要走的意思，他的眼睛仍牢牢地盯着球场上的比赛。比起圆子，他倒是对原子足球赛更感兴趣。

　　"点点，我还是第一次看见你这样呢！之前不管是在电场河里，还是在光子电车上，你都是一脸淡定。怎么现在看场足球赛，能让你这么兴奋？"圆子在一旁打趣道。

　　"我也不知道，可能是因为我总是生活在规则里，一切都是按照规则在运转。看到这些随机传球和接球，我仿佛感受到了一种自由，一种无法预测的自由。这种自由，还带着点儿神秘感。"点点不好意思地笑了笑，跟着圆子走向另一片黄色的区域。

　　"我能理解你说的，但是……"圆子停下来，想了想继续说，"你说，'随机'本身，是不是也是一种规则？虽然你朝任意方向吐出光子，看上去是'自由'的，但这种行为还是得满足"随机性"的规则。你一路上一直在对我说，规则是统治这个世界的国王，所以我能理解你向往这种不可预测的自由的心理。"

圆子顿了顿，又接着认真地说："但是，我觉得，在规则之外，我们依然是拥有自由的。因为我们的命运取决于自己，规则不可能限制住未来的每一刻。未来的任何样子，都掌握在此刻的我们手中。当下的每时每刻，都在描绘我们未来的样子，我们的每一个想法、每一个行动，都是描绘未来的每一笔，都会让未来不一样。这，不也是一种自由吗？"

"嗯，你说得有些道理。嘿嘿，圆子，你好像渐渐能理解我们这个世界里'规则'的含义和精髓了。"点点朝圆子竖起大拇指。

他们俩说着话，不知不觉就走进了另一片黄色区域，但出乎圆子意料的是，这个从远处看上去是黄色的区域，走近之后却发现那里并没有黄球，而是充斥着红色和绿色的小球。

连点点都揉了揉眼睛，半晌之后才开口："哦，我知道了，我们在远处的时候，被视觉效果给骗了！"

"哈？什么视觉效果，点点你能说得具体一点儿吗？"圆子不解地看着他。

"圆子，你知不知道三原色，就是光的三原色？"

"当然知道，我画油画的时候学过！我们只要有红色、黄色和蓝色，就可以通过调配这三种颜色的比例，把其他所有不同的颜色调配出来。比如，绿色是黄色加蓝色，紫色是蓝色加红色。"圆子点头回答。

"没错。但'光的三原色'和'色彩三原色'是不同的。光的三原色是红色、绿色和蓝色。也就是说，所有颜色的光，在视觉上，都可以通过这三种颜色组成。注意！是视觉上！就像刚才我们看到的，钠原子足球队踢的球，那是实实在在的黄色光子，波长在 589 纳米左右。而这个地方，只是从远处看上去是黄色的，这里其实没有任何黄色光子，这个黄色是由红色和绿色的光子混合呈现出来的。"点点淡定地解释道。

"哦，我知道了！就像在画画的时候，虽然红色和黄色可以组成绿色，但是也有本身就是绿色的物质，比如树叶和绿草，它们并不是靠蓝色和黄色混合而成，而是本身就是绿色的。"

圆子说着，又想到另一个问题："我可以用蓝色和黄色的颜料调配出绿色的颜料，但已经调好的绿色，却不可能再还原出之前的蓝色和黄色。所以说，颜料上的调和是不可逆的。但是……"

圆子边想边说："在光的世界里，它们应该是能被还原的。比如，视觉上由红光和绿光组成的黄光，不同于原始的黄光，因为前者可以把组成它的红光和绿光分离。所以，有没有一种方法，能让我们把光的组成分开，让它恢复本来面目呢？"

听到这里，点点脸上露出兴奋的表情："圆子，你还记不记得，我们乘坐光子电车远远看到彩虹谷时，它是什么样的？"

"白茫茫的一片，"圆子不假思索地回答，"不过，咱们走进来之后，才发现这里什么颜色都有。我想，那是因为……所有颜色的光都叠加在了一起，最终呈现出来的就是白光！就像我们之前看到的太阳光？"

"嘻嘻，那我问你，这个地方叫什么？"点点在引导圆子，让她自己找到答案。

"彩虹谷啊……噢，我明白了！就像彩虹一样！下雨之后，小水滴就像三棱镜，把所有不同颜色的光子分开了！爸爸给我讲过这个，应该是因为波长不同的光子，折射时偏转角度不同。在遇到'十字路口'时，红光转小弯，紫光转大弯，这样，就把不同颜色的光区分开了！"圆子雀跃地说道。

"嘻嘻，你真聪明，"点点夸奖她，"不过，我好像也明白了。"

"你明白什么了？你不是本来就明白吗？"圆子疑惑地看向他。

"不是这个，"点点说，"我明白了为什么有些小伙伴找不到这彩虹谷。彩虹谷是大家心中的世外桃源，但你不进入其中，就发现不了这里的秘密。从远处看，这里总是白茫茫的一片，这是它防止外敌入侵的保护色。这就好比，你不去思考太阳白光的成因，就不会知道，白光里面还存在着七种颜色的小光球一样。"

"是啊，点点，你说得没错！"圆子点头表示赞同。

这时，远处的球场爆发出一声响亮的喝彩。"点点你看！远处那个红色的球场，可能是老钾他们的比赛场地，咱们过去看看吧？"圆子指了指远处红色的那片区域，要带着点点过去。

7.

全民足球和七彩光的"神通"

"圆子，你怎么知道远处的红色真的是红色呢？会不会还是视觉上的误判呢，比如，两三种颜色叠加后呈现的视觉效果？"点点看向远处，笑着问道。

"点点，你又在考我了！"圆子无奈地看向他，"刚才你还和我说，光的三原色是红、绿、蓝，这是最基本的元素，也是合成不同颜色光的最小组成单位之一。所以，红色当然不会是几种颜色叠加而成的！如果有，那红色也就不配叫作'原色'了。"

"嘿嘿，真聪明！"点点听完，满意地打了个响指。

"点点，是你这个问题太不高明了！你看看这些飞到咱们身边来的小红球，就是它们让咱们觉得，远处那个球场是红色的。如果是叠加的视觉效果，那飞过来的球就应该是别的颜色。"圆子继续补充道。

"是哦······你说得有道理。"点点笑着点头。

他们继续往前走，走着走着就发现，周围的原子越来越多。仔细看去，不只有原子，还有很多分子，就是几个原子抱在一起形成的更大的"大块头"。这让圆子和点点开始怀疑，远处的那片红色区域，或许并不像他们想的那么简单。

"咦，那不是老钠吗？"圆子小声对点点说，"他在牵着什么？"

"是氯啊！"点点回答道。

"哦······这就是'撒盐'的情侣啊！"圆子恍然大悟，"不过，这含盐量有点儿高啊。这里有好多长得一模一样的氯钠组合呢。"

在密密麻麻的原子和分子之间，除了之前的红色小球，还有一些其他颜色的小球在空中来回穿行。圆子和点点一边好奇地东张西望，一边继续穿过他们，朝着最开始的目的地走去。

走着走着，圆子和点点忽然发现，前面好热闹啊，欢笑声此起彼伏。于是他们赶紧凑上前去，发现有好多不同的原子和分子在蹦蹦跳跳，异常兴奋。同时，在他们周围，也有数不清的各种颜色的光球来回穿梭。

圆子也被场上的热烈氛围感染，开口说："哇，好热闹啊，大家这是在跳舞吗？"

点点咯咯地笑起来："这也是在踢球啊！没想到吧？"

　　圆子一拍脑袋："对哦！刚才分开的时候，老钾说过，他们在红色操场比赛！不过，这和刚才老钠他们的足球赛相比，区别是什么呢？"

　　"那个场地里，只有钠原子们在踢黄球。但这里，什么颜色的球都有，特别是绿色、蓝色和紫色的球……而且，这里的原子和分子种类也更多。"点点缓缓开口。正说着，一个蓝色的小球朝他们飞了过来。

　　"圆子小心！"

　　圆子听到了点点的警告，但电光石火之间，却来不及闪躲。她本想一脚踢开小球，结果脚还没抬起来，蓝色小球就撞到了她的膝盖上，被弹飞了。

　　"呼，还好没有打到脸。"圆子嘟囔着松了一口气。只是片刻之间，她好像明白了什么……

　　"点点，我好像知道有什么不同了！老钠那边的比赛，与其说是原子足球赛，不如说是电子足球赛。因为在那个操场上，都是电子在接球，带球，传球。老钠他们只是跟着各自的电子跑！但是在这儿，踢球的主要是原子们，比如，我刚才就踢了一脚，虽说踢得不怎么样，嘿嘿……"

　　"太对了！圆子，你再想想，还有什么不一样？"点点又问道，他的小眼珠一转，觉得圆子很聪明，应该能发现这里的端倪。

　　"还有什么不一样？"圆子挠头想了想，"哦！我还发现，他们踢球的方式和方向都不一样！虽然都是在踢光子球，但是在这儿，球被踢出去的方向是遵循一定规律的。也就是说，球从哪个方向，以什么速度飞过来，会撞到我们的什么部位……球被反弹出去的方向和速度，都是可以被预测的。"

圆子停下想了想，又接着说："就像我之前对着墙练习打网球一样，网球被墙反弹之后的路线是可以预判到的。所以，我其实可以预判网球弹回的方向。但刚才老钠他们的比赛，电子们踢出那些小黄球时，是真的在瞎踢，哦不，是真的在随机踢，完全没法预测！嘿嘿，这么一想，还挺有意思的。不过，这是为什么呢？"

"哇，你观察得好细致啊！"点点夸赞道，"你说得很对，而且你可能还注意到了一个细节——钠原子那边的比赛里，电子除了停球和传球，还可以盘带的，也就是说：可以吞了球之后，再带着球跑。就像是我们坐光子电车时我吞吐小紫球一样。但是你有没有发现，在这里，原子是没办法接球、停球然后带球跑的，必须一脚出球。小球并不是由我或你发射出去的，而是小球与我们之间发生了弹性碰撞！"

"哎哟！"圆子正听得入神，还在思考点点的话，突然被一个小绿球砸到了脑袋。

她揉了揉头说："我明白了！这里的光球是完全依靠反弹运动的，而在老钠那里，球是先被电子吸收，和原子、电子融为一体之后，再从整体里被随机发射出来！而这里的踢球方式，就更像我们宏观世界里的踢法。必须一脚出球，不能带着球跑。所以你对这里的球赛，不像对老钠们那儿的球赛那么感兴趣，对吗？在这里，我们能预测小球的轨迹，但在那里，却是完全随机的。"

"嗯！没想到圆子你还挺了解我的，是这样！"点点开心地点点头。他好像能体会到被人理解时的那种开心了。只是点点不知道，作为一个电子，情绪和感情对他而言，意味着什么。

"点点，可我还有一个问题。"圆子想了想，又继续说，"你看刚才砸到我头上的那个小绿球，它砸完了我，就跑去砸别人，并没有被任何电子吸收。但是，老钠那边的比赛，黄色光球会被电子们吞下去，和钠原子形成一个整体之后，再被随机发射出来。那么，这个被踢出来的小黄球，还是不是之前被吞进去的那个小黄球呢？我们在光子电车上的时候，点点你也在不停地吞吐小紫球。那你吐出来和吞进去的，还是同一个小紫球吗？"

"当然……唉？"点点刚想回答，却又突然停住了，不禁倒吸了一口气。他本来想说"当然是啊，因为这些小紫球在被吸收和被辐射出来的过程中，波长和能量都没有变化，而且我自己也没有产生变化"。

然而，一个念头突然闪过他的脑海……虽然说光子是玻色子，性质一样，而且又具有全同性，不可区分，但如果真的可以标记某一个光子，那吞入和吐出的，会是同一个吗？乍一听，这好像是个很好回答的问题，但点点仔细一想，事情并不简单。

"呃……我也不知道，按照'玻色子的全同性'来说，我们无法区分吞入和吐出的小紫球，所以我们自然就会觉得它们是同一个。可是，那些曾经和我们融为一体的小紫球，和那些我们没有触碰过的小紫球相比，好像又是不同的。所以，唉，我也不知道……嗯，你这个问题，值得好好思考！"点点为难地说。

圆子和点点手拉着手在球场中穿梭，不停地踢开飞过来的小光球，渐渐地，他们走向了彩虹谷的深处。走着走着，他们又发现，刚才看到的红色操场也不是红色的！他们穿过了原子、分子们最密集的地方，看到在彩虹谷的深处，各种五光十色的小球闪烁着，红、橙、黄、绿、青、蓝、紫，各色各样，应有尽有！

"呀！原来并不是只有红色的球，而是各种颜色都有，这和咱们之前想的完全不一样啊！"圆子惊讶地说，"点点，这是为什么呀？刚才我们还在说，红色是不会由其他颜色叠加形成的！而且，我们也确实看到了很多小红球飘过来，那为什么这里不仅什么颜色的小球都有，而且每种颜色的比例都差不多呢？"

"对啊……"点点也觉得有些奇怪，他回头看了看刚刚穿过的原子、分子群，原本凝重的表情突然缓和下来，"圆子，你回头看看咱们刚刚穿过的那团原子和分子。"

圆子回头看去："咦？他们怎么变得这么蓝啊！我们刚才没经过他们的时候，明明看到这边有很多红色的小球啊！可是怎么我们穿过他们之后，他们又变得很蓝呢？"

点点捂着嘴笑了起来："哈哈，这是因为……红色的波长最长，所以穿透能力也就最强！而蓝色和紫色的波长最短，虽然波长短的光子能量更高，但是它们的穿透能力弱呀！"

"哦，我明白了！其实彩虹谷的深处，什么颜色的光都有，只是当这些小光球穿过原子、分子群时会发生散射，光球会产生各种各样的反弹。在这个过程中，红色的光球因为波长长、穿透力强，所以没有被大家留下当球踢。所以，我们从远处看，就只看到了红色。"

圆子越说越有底气："大部分的蓝色小球，由于穿透力弱，就更容易被分子、原子们留下来，当成球踢来踢去。而在踢的过程中，这些蓝球，会被那些不会踢球的原子、分子，踢得到处都是。所以，当我们经过他们之后，再回头去看，就会发现他们都是蓝色的。那是因为，这些小蓝球被从其他球里踢出来了。"

说到这里，圆子忽然一拍脑袋："我想起来了！之前爸爸给我讲过，为什么朝阳和夕阳是红色的，为什么天空和大海是蓝色的，为什么红绿灯要选红、黄、绿这三个颜色。这和红、蓝小球是同一个原理！"说到这儿，圆子回想起，爸爸给她讲这些原理的时候，她是坐在爸爸的自行车后座上的。唉，她又开始想念爸爸妈妈了。

"朝阳？红绿灯？"点点听着这些陌生的名词，在他的小脑袋里想象着圆子所说的那个经典的宏观世界。

"嗯，就是……早上和晚上的太阳都是红色的，因为相比于中午，太阳光要穿透更远的距离，才能传到我们的眼睛里。而红光的波长最长，所以只有红光能穿透那么远的距离。因此，进入我们眼睛里的颜色，就只有红色了！"

圆子解释给点点听："当我们背对着太阳，看晴朗的天空时，因为空气中有氮气分子和氧气分子，所以蓝色的小球，就会撞到它们身上，被踢来踢去。大部分没踢好的蓝色光球和紫色光球，就会四处散开，进入我们的眼睛。所以，我们就会看到天空是蓝色的。"

点点歪着脑袋，乖巧地听着圆子的解释："那红绿灯呢？"

"红绿灯嘛，是我们宏观世界里的交通指挥灯，红灯停，绿灯行，黄灯警告等一等。因为禁止通行的红灯，起到警示的作用，所以这个灯的颜色，一定要能穿过雾霾和大雨。选用红光，是因为它的穿透力最强。剩下两种灯的颜色选择，也是根据波长依次递减做出的。不选用紫色灯的原因，是因为它的穿透力太弱了，离远了人们就会看不清交通灯是亮还是不亮。"

"哦，这么一想，确实是同一个原理！"点点圆圆的小脸上浮现出肯定的笑意。

"不过，紫光波长虽然短，但能量却高。红光的波长虽然长，但能量却没有紫光高。所以夏天出门，妈妈会让我做好防晒，就是担心我被紫外线灼伤！"圆子对于光的理解似乎更深了一些，意犹未尽地和点点继续讨论。

"哈哈，这些不同颜色的小光球，跑得太快了。除了颜色，我都看不清它们到底长什么样子！我们总是用'波'来形容它，可是我看到的又是一颗一颗的小光球，那'光'到底是'波'还是'球'呢？"

"都是！"点点的回答很干脆。但是圆子却不太理解他话里的意思，正想继续刨根究底，却突然看到——

"咦？点点你快看，那儿好像有面镜子！咱们俩都在镜子里！嘻嘻，我还从来没在这个世界里看到过镜子呢！太久没照镜子，也不知道我是不是早就灰头土脸了。"圆子看着远处一个模糊的影子，带着点点欢快地跑了过去。

突然，圆子微笑着的表情凝固了。因为在她靠近时突然发现，镜子里的自己并没有跟着跑，而是一直站在原地！

圆子意识到这一点后，突然停下了脚步。但在这时，镜子里的圆子，却突然转身跑开了！

8.

全都是"我"，那"我"是谁

"那……那是我吗？"圆子惊讶地问。

"是不是你……那得看你怎么定义……喂，你跑慢点！"点点话还没说完，就感觉自己双脚离地，被圆子拽着朝前跑去。

圆子拉着点点，不管不顾地想追上那个"镜子里的自己"，但另一个圆子却跑得很快，只一眨眼的工夫，就不见了踪影。当圆子气喘吁吁地跑到刚才看到镜子的地方时，才恍然发现，这里空空荡荡，根本就没有镜子！

"咦？这里居然……没有镜子？"圆子大口地喘着气，感到非常困惑，"可是我刚才明明看到自己了呀……"她正在怀疑是不是自己看错了，又看到那个熟悉的身影在远处一闪而过。那个身影似乎是在朝前跑，轻盈的马尾随风摇摆着，而她的身边，也跟着一个点点！

"点点，你看到了吗？前面那个女孩……她的身材、发型、衣服都和我的一模一样！还有，她的手里，也牵着一个点点！天哪，我真的不是在做梦吗？"圆子揉了揉眼睛，想确定自己是不是眼花了。

"咱们……追上去看看，不就知道了……"气都还没喘匀的点点，在一旁嘟囔着。

于是，点点又一次被圆子拽着飞奔起来……圆子眼看着另一个自己朝着原子们集中的地方跑了过去。那个"自己"一边跑，一边踢开各种颜色的小光球。于是圆子也一头扎进原子密集的区域，被迎面飞来的各种小光球砸得晕头转向。

也不知道过了多久，圆子终于从小光球中突围，而她奋力追赶着的那个"自己"，也终于停下了脚步。圆子不觉松了口气，又朝前走了几步，对着那个"自己"大喊："嗨！你等等我啊！"但那个"自己"却似乎没有听到，继续朝前走，转眼就进入了一个篱笆墙围成的区域内。

圆子加快脚步跟了上去。可是，当她穿过篱笆墙时，眼前的景象却让她彻底傻眼了。

在一个风景如画的大花园里，有几十个女孩正在嬉笑玩耍，她们有着一样的身高，穿着一样的衣服，梳着一样的马尾，最重要的是——她们和圆子长得一模一样。而她们每一个人的身边，都有一个和点点长得一模一样的电子。

"这……这究竟是怎么回事？"圆子震惊得好半天才回过神来。

与之相反的是，那些女孩们并没有对圆子的到来做出任何反应。她们没有惊讶，没有好奇，甚至没有产生任何兴趣。她们聊天的聊天，做游戏的做游戏……没有谁留意到，圆子脸上的表情，从一开始的难以置信，变成了此刻说不出的苦涩。

"点点，"圆子有些委屈地开口，"怎么会有那么多和我长得一模一样的女孩呀？"

"因为她们和我们一样，都是氢原子啊。"点点感受到了圆子的情绪变化，但他却不知道为什么，"就像我们这一路走来，遇到的钠原子、钾原子和铷原子一样。相同的原子，就会长得一模一样，不然就违背了'粒子的全同性'原则。"

"噢，是这样吗？"圆子喃喃地说道，情绪明显低落下去。

"圆子，你怎么了？你不开心吗？"点点担忧地问。

"嗯。点点，不知道为什么，当我看到这么多和我一模一样的女孩时，我并没有觉得很开心；相反，我觉得很沮丧，甚至有点儿难过。你能明白我这种感受吗？"圆子的语气中还带了点哭腔，可是点点不明白，为什么圆子看到同类，会产生这样的情绪。

"我很想理解你，但我还是不太明白……嗯，这一路走来，我们遇到了许许多多的原子，他们最外层的电子都和我长得一样……还有眼前的这些电子，也和我长得一样……这在量子世界里，是一件再正常不过的事情。"点点不解地说着，摸了摸自己圆乎乎的小脑袋。

"不是的，点点，你和他们是不同的！当我给你取名叫点点时，你就已经区别于其他所有的电子了！就算你和其他的电子长得一模一样，我仍然觉得你是不同的！因为只有你叫点点，而且你是我的电子，所以你对我来说，就是独一无二的。就算你和眼前所有氢原子的电子都长得一样，我也不会和她们任何一个交换的！"圆子说着说着，有些激动。

"我，我也不想和那些电子交换，我也想只做……圆子的点点。"点点有些不好意思了，脸上浮现出少有的腼腆表情。

圆子站在原地，想整理一下思绪，后来干脆坐了下来，说道："点点，你说得没错，我看见那么多老钠、老钾都长得一模一样，觉得很正常、很自然。可是为什么，当我看到其他女孩和我一样时，就会觉得不正常呢？"

圆子叹了口气，继续说："以前在学校里，除非是关系非常好的朋友，不然总会觉得和别人穿一样的衣服、戴一样的发卡、背一样的书包，会显得很没有个性。何况是现在，看到这么多和我长得一样、穿得一样，连声音都一样的女孩！"

圆子停顿了一下，又忽然说道："我好像知道自己为什么不开心了！因为我发现，我不再是独一无二的了！我不再是孤品，而只是个复制品……我被淹没在她们中间了……呜呜呜……"说到这里，圆子突然哭了起来，"那她们中的任何一个去了宏观世界，岂不是都可以当我爸爸妈妈的女儿了？呜呜呜……"

点点没想到，刚开始还算淡定的圆子，却在搞清楚原因之后更失控了。

"当然不会啦，圆子，是你想多了！虽然外表一样，但你们的认知、记忆和经历却是不同的啊！她们虽然和你长得一模一样，却没有和你的爸爸妈妈共同生活的记忆。你说，你不愿意把我换成其他电子，那你的爸爸妈妈，也一定不愿意把女儿换成别人。使你区别于她们，或者说让你具有独特性的，从来就不是你的外在表现，而是你的内在实质。"点点安抚着圆子，另一只小手轻轻地拍在圆子的背上。

"点点，你最好了。"圆子吸了吸鼻子，"你说得对，这么多女孩虽然和我长得一样，却只有我一个人叫圆子，只有我一个人是我爸爸妈妈的女儿。"想到这儿，圆子觉得好受了一些。

"嘿！你怎么了？你还好吗？"不远处的一个女孩，朝圆子投来询问的目光。她刚才本来在专心踢小光球，却听到了圆子的哭声，这会儿她已经来到了圆子和点点的跟前。

"噢，我没事。刚才只是想起了一些不开心的事。"圆子瓮声瓮气地回答。看着眼前的女孩，确实让她有种照镜子的错觉。

"这样啊，那你要和我一起踢球吗？"女孩无所谓地笑笑，向圆子发出邀请。

圆子摇了摇头："不了，我想离开这里，你知道怎么离开彩虹谷吗？"

女孩有些惊讶："你要离开彩虹谷？为什么？大家一起在这里自由自在地生活不好吗？"

圆子心想："她是不是把我当成她的这些同伴了？她们一定是在这里生活了很久，不然为什么我一说要离开彩虹谷，她会这么惊讶。"

"我……我要去宏观世界。"圆子下定决心，把心里话说了出来。

女孩这次瞪大了眼睛，显得非常意外。她沉默了一会，转过身对所有氢原子喊道："嗨！你们知道吗？我们中间有一个姐妹要离开彩虹谷，去宏观世界了！"

"啊？""什么？""真的吗？""不是吧？"

只见花园里的所有氢原子，在听到这个消息之后，都停下了正在做的事，朝着圆子涌来……几十个和她长得一模一样的女孩，用和她一模一样的声音，议论着她要离开彩虹谷的事……仿佛春日的花圃里，忽然飞入了上百只蜜蜂，嗡嗡地开始了大合唱。

圆子庆幸自己不是密集恐惧症患者。可即便是这样，这几十张和她完全一样的脸，带着同一种不解的表情凑到她跟前，还是让她有些头皮发麻……这种场景，像是梦里才会出现的画面，而且，绝对不是美梦。

"你真的要离开吗？"

"为什么啊？"

"彩虹谷多好啊。"

"对啊，外面太危险了。"

"你不想再和我们生活在一起了吗？"

"你去宏观世界干什么呢？"

…………

圆子只觉得，眼前的一张张嘴开合着，问题一个接一个，她不知道该先回答哪一个。

"姐妹们，姐妹们！"圆子挥了挥手，试图让她们安静下来。

"我叫圆子，这是我的电子，他叫点点。我们是从光子电车上下来，路过彩虹谷的。我虽然和你们长得一样，但是我有着和你们不同的经历、不同的记忆和不同的认知。所以，我有我自己的想法和目标，我想离开这儿，你们能告诉我，怎么离开这儿吗？"

"她说她叫圆子，哈哈哈……"

"对呀，哈哈，她的电子叫点点。"

"她是从外面来的……"

"外面？哪里啊？"

　　圆子听到她们又开始七嘴八舌地议论起来，无奈地咬了咬嘴唇，看向点点。只见点点也局促不安地看了她一眼。正当圆子不知所措时，那个一开始和她说话的女孩，率先将她拉出了人群，边走边指向花园外的一道光束。

　　"你看到那道光射出的方向了吗？顺着那个方向走，就可以离开彩虹谷了。"那个"圆子"把她带出花园，叹了口气，说道："其实，我和你一样，也是从别的地方来到彩虹谷的。但是后来，我选择了留下来，和其他的氢原子一样，不再去外面的任何地方。"

　　"啊？"圆子有些意外，接着问，"那……其他那些氢原子呢？"

　　"她们很多和我一样，也是从别的地方来到这里的。彩虹谷是咱们量子世界里最和谐安宁的所在，原子们一旦进来，就几乎都不愿再离开。所以，刚才大家的话，你别往心里去，她们没有恶意。彩虹谷是个世外桃源，也是我们的舒适圈，在这里待得太久，大家的思想难免有些僵化，不太容易接受新的想法，也不舍得离开这里。"

　　"没事的，我没有介意，哈哈。"圆子不好意思地用手捋了捋头发。

　　"其实，我挺佩服你的，虽然我们都是氢原子，长得一模一样，还有完全一样的电子。但你真的很勇敢，外面的世界充满了各种未知，我一想到那些可能存在的危险，就觉得很害怕。我猜其他氢原子也和我的想法一样。"她说着，脸上露出不安的神情。

"但当你说你要离开这儿，去往宏观世界时，我又觉得很开心！因为我们都是氢原子，你和我长得一模一样，就好像……你替我去冒险一样。哈哈，所以，祝你一切顺利！去不同的世界，体验不同的经历，去拥有与我们不同的记忆吧！"

她说完，用手拍了拍圆子的肩膀，像是在鼓励圆子。圆子看着眼前这张像照镜子一样的脸，对她说出这样一番话，心里浮现出一种奇异而又温暖的感觉。

"嗯！你放心吧，我会让它实现的。"圆子上前拥抱了另一个"自己"，与她挥手作别。

"点点，你知道吗？爸爸对我说过，我们身上的细胞每一刻都在不停地裂变，旧的细胞死去，新的细胞诞生……所以每一刻，我们都是新的自己。"圆子拉着点点，看着另一个"自己"逐渐远去的身影，圆子知道，此刻的她，又是一个新的自己了。

"点点，我想收回我最开始的想法。"

"什么想法？"

"就是……我说我不开心，是因为我不再独一无二。但我现在不这么想了，或者说，我不在乎了。我看到了很多个'我'，但我仍然清楚地知道我是谁，我要做什么，这就够了。"

　　点点沉默了，圆子的话有些超出他的认知，但他看向圆子的脸，觉得她好像有哪里变得不一样了。

第三章

误入
深红世界

9.

深红色的夹子——光镊

圆子牵着点点，顺着小光球发射的方向继续走。和刚才看到的一样，几乎所有的绿色、蓝色、紫色的小光球，都被困在原子群中，被各种原子和分子当成球，踢来踢去。

穿过那些光球之后，景色就渐渐变得荒芜了。陪着她继续朝前走的，除了点点，就只剩下一些红色的光球了。

"圆子你看，那边是什么？"点点突然开口问道。

"咦？那是一个……箭头？"圆子突然兴奋起来，"这是在给我们指引方向吗？点点你看，那是由很多红色的亮斑组成的一个箭头，正指向我们前进的方向呢！你说，会不会是我的爸爸妈妈，在给我传递信息呢？嗯，那一定是回家的方向，咱们快过去看看！"

"箭头离得太远了，只能看到是由红点组成的箭头，而且……红色的亮点中间，好像还有个黑色的斑点。哎呀，太远了，我有点儿看不清。"点点揉了揉眼睛，对圆子说。

"咱们看清楚箭头的指向就好了，这不是让我们朝这个方向走嘛！也没必要看清组成箭头的每一个红点呀！"圆子满不在乎，拉着点点就朝着箭头指着的方向跑去。但她并没有发现，组成箭头的红色亮斑中间，有一个看不清的黑点，如果把那个黑点放大，就会发现它和圆子长得一模一样。

"咱们来到彩虹谷之前，看到的都是紫色的小球。咱们走出彩虹谷之后，怎么到处都是红色的小球？但是仔细看呢，又看不太清它们是红色的丝带，还是橄榄球。"圆子嘴里嘀咕着，抬头看着逐渐荒芜的景色，心里莫名紧张起来。

"是啊，不过仔细想想……这一路走来，光的波长应该是越来越长的吧。一开始，我们乘坐光子电车，看到的是紫球流，那算是紫外世界。在彩虹谷里，我们能看到各种颜色的小光球，因为那里汇聚了所有颜色的可见光。但在这里，到处都是红色的小球，估计我们是进入了红外世界……"点点小声说。

"接下来，我也不知道咱们会再进入怎样的世界。圆子，咱们还要继续往前走吗？"

"走吧，可能是这里的红色太有压迫感了，所以我们会不自觉地感到紧张，哈哈。"圆子干笑了两声，想安慰点点，但也是在安慰自己。"在宏观世界里，'禁止''危险'这样的信息提示，都会选用红色来标示，所以看到这里的红色，我们就会下意识地觉得，危险好像就在身边一样。"

"那个箭头肯定是爸爸给我的信号，这条路只是颜色看着危险罢了！"圆子努力给自己打气，但下一秒却忽然觉得有些异常，对点点说："点点，为什么我觉得自己好像在流冷汗，但是身上又有点儿发热呢？你觉得热吗？"

"在这里我没觉得，但是之前在紫外世界里，我有你说的那种感觉。"点点仔细想了想，认真地说。

"嗯……我可能知道为什么了。"圆子用手托着下巴，"在我们宏观世界里，火焰、电暖炉这些能让人感觉到温暖的东西，都是红色的。原因是红光可以穿透物体表面，起到加热的作用。"

圆子停顿了一下，又接着说："爸爸对我说过，用微波炉加热食物，也是类似的原理。因为微波炉里，都是波长很长的微波。这个地方四周的空间都很狭小，而且到处都是红光，可不就像一个微波炉吗？哈哈，没想到咱们在这儿转悠这么久，原来是在微波炉里呢！"圆子忽然被自己的发现和联想逗笑了。

"什么是微波炉？是你们那个世界里的一个地名吗？"点点好奇地问。

"噢，不是地名，是加热食物用的电器。"圆子忙解释，"不过想来还挺有意思的。前有孙悟空跳进炼丹炉，炼成火眼金睛。后有圆子勇闯微波炉，炼成……炼成……唉，算了，别炼成啥了，我还是想办法早点回家吧！"圆子自嘲地叹了口气。

"喂，圆子！前面好像有一根红色的光柱，你看到了吗？而且……那个光柱好像还不是均匀粗细的，中间很细，两头略宽，中间好像还有黑点……"点点看着前方，忽然说道。这时，他们已经渐渐走出了狭小的红色空间，眼前的路越来越开阔。

"我好像……能看见你说的黑点！咦？可是那根柱子立在那儿，是干什么的呢？难不成真是《西游记》里，佛祖手指化成的五指山？"圆子好奇地问，同时带着点点朝那个方向靠近。

随着他们不断地走近，圆子发现红色光柱中部的那个黑点，也在逐渐变得清晰。只是靠得越近，圆子就越感觉到不安与惶恐。

"圆子，你……你看到那根光柱中间的黑点是什么了吗？"点点的声音有些颤抖。

"那好像是……一个人？"圆子也倒吸了一口气。他们小心翼翼地向前挪着，不断地靠近那根红色的光柱。但当他们走得足够近，近到快要完全看清楚时，圆子却忽然拉着点点的手，转头就往回跑。

跑了一段距离后，圆子停下来，回头对点点说："点点，你刚才看清了吗？光柱中间那个……是不是一个人？"

"好……好像是的。"点点也显得有些惊疑不定，"但那个人，好像被关在红色的光柱里，没办法出来。咱们要不要再过去看看？"其实点点也只看到一个模糊的轮廓，不敢确定。但他觉得，一个被关得严严实实的人，应该也不会对他和圆子产生什么威胁。

"好吧，我也想再过去看个清楚。"圆子多少有些紧张，但更多的是好奇，想知道被关在红色光柱里的到底是什么。圆子想起了之前她和同学们一起玩的密室逃脱游戏，虽然惊险刺激，但好歹知道里面的东西都是假的，是人为设置的困难。所有人都清楚，最终大家是一定可以逃出密室的。

但是这里不同，所有的危险都是未知、真实且没法预料的。

圆子心想："唉……我终于理解，为什么我在彩虹谷里遇到的那些氢原子，都不愿意踏出舒适圈了。"

　　圆子一边深呼吸，一边将点点的手攥得更紧了。他们小心翼翼地再次靠近那根红色光柱。确实像点点说的那样，这根红色光柱看上去非常高，上下两端很宽，中间的部分却细窄。

　　光柱的中心最明亮，无论是横着向"左右"两侧延展，还是竖着向"上下"两端延展，光都是有层次地由强变弱。这次他们看清了，在最亮的中心处，确实绑着一个人。更让圆子和点点吃惊的是：那个人，和圆子长得一模一样！她的身边也有一个点点！

　　"啊，那也是一个氢原子！她好像在和我们说着什么！但我怎么什么也听不见？"点点用手在耳边作喇叭状。

　　那确实也是一个氢原子，她被囚禁在光柱的中心，左右晃动着，就像一个被拴在弹簧上左右摇摆的小球。而被囚禁的氢原子和她的电子，好像也看到了光柱下方一脸惊愕的圆子和点点。他们在光柱中来回挣扎，好像在朝圆子他们呼救，又好像是在警告他们不要靠近。

　　"点点，你能听见他们在说什么吗？"圆子焦急地问。

　　"我也听不见啊。圆子，咱们帮帮他们吧，咱们想想办法，看能不能把他们救出来？"点点也有些着急。

　　"好啊，让我想想怎么能把他们拉出来。"圆子带着点点，小心翼翼地靠近那根光柱，却突然听见身后有声音大声喝止："站住！"

圆子和点点吓得一激灵，回头一看，竟然是小氦哥！

"哎哟，小氦哥，原来是你啊！你差点儿吓死我们了……"圆子拍拍胸脯，喘了口气，"你这是，刚从彩虹谷出来吗？我还以为，应该没那么快能再见到你呢！"在这种紧张害怕的时刻，遇到了之前同行的伙伴，圆子渐渐放松下来。

"你是谁啊？你认识我？"小氦哥原本"生人勿近"的脸上，此刻写满了困惑，"我们什么时候见过？"

点点扯了扯圆子的衣角，低声说："圆子，这应该是另一个小氦哥，不是那个。"

"唉……我知道了，又是粒子的全同性。啧啧，这样可真容易认错人。"圆子无奈地说。

"喂！'小氦哥'又是怎么回事？这是你给我起的名字？"和之前的小氦哥一样，这位小氦哥的表情也是冷冷的，说话的语气自带嫌弃。

"呵呵，没事……你听着听着就习惯啦！"圆子顽皮地笑了笑，"哎，小氦哥，你刚才为什么要让我们站住？我看到有一个氢原子被关在那儿了，我想去救她！你知道她为什么被关在那儿吗？"圆子伸手指了指高处的光柱中心。

"哼，真笨！"小氦哥继续冷冷地开口，"这里是深红之地，是通向极寒之地的必经之路，非常危险。有很多原子都被困在这儿了。看到那一根根红色的光柱了吗？"顺着小氦哥手指的方向，圆子这才注意到，原本阴沉的天空逐渐亮了起来。除了刚才看到的那根光柱，这里还矗立着许许多多的红色光柱，它们带着危险的气息，像一根根钢针一样，笔直地指向天空。

"当你靠近光柱时，它会把你拉向最中央——光强最强的地方，然后把你禁锢住，让你在中心甩来甩去，失去自由。"小氦哥一字一顿地说，眼中满是警惕。

"哎哟，你这小娃娃，咋胡说呢！"突然，前方响起一个陌生大叔的声音。只见一位身形壮硕的人，从不远处红色的光柱后面走出来。他最外层也只有一个电子，但身上缠着的内层电子密密麻麻，足足有 50 个之多。

"点点，这又是谁啊？"圆子小声问，还没等点点回答，就听见那个大叔说——

"哟！这不是氢老大吗？失敬失敬啊！"那位壮硕的大叔连忙上前几步，朝着身材娇小的圆子作揖行礼。

"呵呵，您……您好……您是？"圆子有些不知所措。

"老大，俺是铯啊，在第一族中排行老六，他们都叫我铯好汉！"铯好汉声如洪钟。

圆子的大脑还在加载中："呃，所以……铷、钾、钠是你的……"

"嘿嘿！是俺的五哥、四哥和三哥！"铯好汉拍拍胸脯，豪爽地答道。

"哎，这是你小弟？"小氦哥用胳膊肘撞了一下圆子，小声问道。

"算，算是吧，不过，你也不用怕他。哈哈，他虽然长得有点儿像李逵，但是，他应该没有恶意。"圆子用手掩住嘴，低声回答。

"李逵又是什么？咳咳，你们很熟吗？"小氦哥还是有些犹豫。

"呃，不熟，第一次见。"圆子尴尬地笑了笑。

"哼，我还以为你很了解他呢！"小氦哥白了她一眼。

"喂！你这娃娃，怎么和俺老大说话呢？刚才听你小子说的那番话，就觉得是在胡扯！什么叫被红色光柱吸进去？明明就是会被它推开，进不去！"铍好汉冲着小氦哥大声说。

"哼！你别以为你的块头大我就怕你，真理就是真理！我说的都是亲眼所见，亲耳所闻！如果是你说的那样，你的另一个老大怎么会被关进去呢？"小氦哥一边说，一边指了指最近那根光柱里关着的氢原子，质问铍好汉。

"你！"铍好汉正想反驳，只听一旁的圆子忽然开口——

"老六，不然这样……你试试看，能不能把关在光柱里的那个氢原子给救出来？把她救出来之后，问问不就清楚了嘛。"

"老大，你说得有道理，但是俺真的没法近身，俺之前试过！"铍好汉一脸无奈。

"哼，我不信。你加速冲过去，不就能把里面的氢原子撞出来了吗？"小氦哥轻哼了一声。

"唉，这个主意不错！但是老六你要小心啊。万一小氦哥说的是对的，你就很有可能被吸进光柱里。"圆子一边嘱咐着铯好汉，一边和小氦哥一样给他让出了一条路。

"啊？你们这是……真让我撞啊！哎哟，谢谢老大的关心。但俺说的可都是实话啊，你们要是不信，俺这就冲进去，让你们看看！"铯好汉说罢，原地热身，准备助跑。

他先是朝着红色光柱加速跑了一段距离，当他靠近光柱时，忽然侧过身，用胳膊和后背使劲地去撞击光柱的外壁。然后，出乎圆子和小氦哥的意料，铯原子壮硕的身躯，居然融入了红色光柱！

"啊！"圆子惊叫了一声。

"看吧，我说的，他会被吸进去的，他还不信！哼，就是不知道，他还能不能和里面的氢原子一起出来。"小氦哥一边证明自己是对的，一边又露出了惋惜的神色。

"唉……大西瓜撞乒乓球，希望他没事，希望他俩都能出来！"圆子在心里默默祈祷。

"他没有说谎。"点点一直目不转睛地盯着铯好汉的背影，直到他淹没在光柱里，这才开口。

圆子没有理解点点话里的意思，只是发现，铯好汉进入光柱后，速度开始慢了下来，就像是有股力量在阻止他，让他减速。

"你们看，铯原子刚冲进去时速度是最快的，如果他是被吸进去的，那他会感受到一个拉力！这个拉力会让他进入光柱后速度越来越快。但事实上，他的速度越来越慢了。这就说明，确实有一个力在阻止他，不让他进去。"点点在圆子身边，神色凝重地说。

大家眼看着铯好汉进入光柱之后，艰难地往最中心移动，似乎马上就要碰到氢原子了。而被困在那里的氢原子，也一脸期盼地伸出了手……可是不知道为什么，一股强大的推力，忽然将铯好汉推出了光柱！

铯好汉飞出来时的速度和他撞进去时的速度是一样的。只见飞出来的他，一时控制不住自己的方向，一不小心撞到了小氦哥和圆子身上。

"哎哟！""哎哟！"圆子和小氦哥瞬间感到天旋地转，被壮硕的铯好汉这么一撞，也一起飞了起来。

"你说得没错！"小氦哥边飞边无奈地喊："确实是大西瓜撞乒乓球，但我怎么也没想到——我就是那颗乒乓球！"

"小心，前面有另一根红色光柱！"点点急忙提醒大家。

"没事，大不了进去之后，再被弹出来，刚好帮咱们减速了！"铯好汉眼见停不下来，决定干脆借力打力。

圆子和小氦哥虽然不想进去，可是亲眼见到铯好汉被上一根光柱反弹出来，也觉得他说的有道理。关键是他们在空中，也没办法控制速度和方向，只好不情愿地被铯原子硬生生地挤进了另一根红色光柱。

他们进入这根红色光柱后恍然发现，这根光柱中间居然还有一个小氦哥！冲进来之后，他们也刚好听见里面的小氦哥在冲着他们大喊："快跑！"

可惜，一切都太晚了。

铯好汉没有说谎，他确实又被这根红色光柱给弹了出去，飞往另一个方向。

但是，圆子和小氦哥就没有那么幸运了。他们像误入了盘丝洞，一股巨大的拉力，正把他们拉向红色光柱的中心，那里的光强最强，光斑最亮。

圆子控制不住自己，只是感觉自己在被红色的小球不断击打，被红色的带子不断缠绕，同时不容反抗地被拉向那个最红、最亮的地方。

最光鲜亮丽的地方，往往是最迷人的，它区别于暗淡的黑，区别于平庸的灰。它像是拥有巨大的吸引力，对你说：来吧，来吧，到我这里来。我这里高高在上，我这里与众不同……但当一股无形的力量把你拉向它时，你才恍然发现，原来最明亮、最耀眼的地方，也可能是最危险的陷阱。

10.

红带军团和双重间隔监狱

如果把量子世界比喻成一片海域，那深红之地，就像是这片海域中最危险莫测的地方。它就像一个红色的漩涡，试图把万物都吞噬在漩涡的中心。那散落在深红之地里的红色光柱，就像是一条条奇异的红色水草，它们安静地潜伏在深海中，平时毫不起眼，但只要有原子经过，就会凶相毕露，将他们吸入、缠住，囚禁在无尽的深红漩涡之中。

而此刻，在其中一根红色光柱里，有三个原子正在面临着这样的危机。

"点点，怎么办，我快被晃晕了！"圆子被吸入光柱后，先是感受到巨大的拉力把她拉向光柱最亮的中心，到达中心后，又会因为惯性，继续朝前冲去，偏离中心。只是一旦她偏离了中心，就会再次受到拉力，被拉回中心。如此循环往复，把圆子晃得晕头转向。

"我终于知道，为什么在刚才那个光柱里，氢原子带着她的电子在那儿晃悠了……"点点和圆子一样，此刻也眼冒金星了。

"我在游乐场坐海盗船的时候，总想多玩一会。可是现在，真是晃悠得我想呕吐，我以后再也不想坐海盗船了！"圆子抱怨着，感觉自己像是在海盗船里来来回回地不停摇摆。

"别抱怨了，咱们撞一下对方，这样能起到减速的作用。"其中一个小氦哥说，说完就朝着圆子撞了过来。果不其然，这种碰撞让他们的速度一点点下降了。

"来，再撞几下。"小氦哥又说。

"咦？为什么靠撞，咱们速度能降下来呢？"点点疑惑地问。

"撞的时候你疼吗？"小氦哥问。

"没感觉啊……"点点想了想，摇摇头。

"你当然没感觉了，疼的是我啊！"圆子冲着点点大声说。

"噢，原来是这样……哈哈，那圆子你加油！坐光子电车时靠我忙活，现在要靠你了！"点点一脸同情地拍了拍她。

"咱们的同类都被困在这些光柱里了吗？"和圆子一起进来的小氦哥 1 号，问之前就在这儿的小氦哥 2 号。

"是啊，你应该也收到极寒之地的集合令了吧？收到集合令的氦原子，几乎都要经过这片深红之地。所以，有很多的同族都被困在了这里。这些光柱就像一把把镊子，夹住我们然后移动，所以这些光柱也叫光镊。被这些光镊夹住的大部分原子，最终都会被送到……"

"可是刚刚的那个大块头为什么不会被吸进来？我一开始还以为他在说谎，没想到他真的会被光柱推出去，这是为什么？难道是因为他的块头大吗？"1号小氙哥没等2号小氙哥说完，就好奇地问他。

"当然是因为他块头大啊！"

"瞎说，和块头大小有什么关系？分明是因为这种光对他的最外层电子来说，是蓝失谐，对咱们来说却是红失谐！"2号小氙哥的两个电子原本沉默着，这会儿忽然开口争执起来。

"那不还是因为他块头大，最外层电子离得远，所以胃口很小！不然能是蓝失谐吗？"

"所以怪你啊！谁让你胃口那么大！"

"你胃口不和我一样大吗？咱俩各自占一个轨道，谁也别怪谁！"

"就怪你！就是因为你胃口太大了！"

"怪他！怪这个氙，谁让他这么瘦小！"

"对，怪他，让我们靠他这么近！搞得胃口都大了！"

小氙哥2号的两个电子叽叽喳喳地争论着，吵到不可开交的时候，都把矛头指向了小氙哥。

"你们俩闭嘴！"小氙哥2号对着两个电子吼道。于是，两个电子就忽然切换成了静音模式。小氦哥 2 号干咳了两声，继续道："不好意思啊，刚才只有我一个人被关进这光镊里，实在无聊，就允许他俩说话了，想着听他们吵架，或许还能解解闷。"

"那你不怕他俩打起来吗？"圆子说。

"哦，不会的。电子是费米子，他们在不同的轨道上。不像玻色子，所有玻色子都可以在同一个轨道上。成千上万的玻色子，都集中在一个基态上时，就会完成变身。这也是我们被召唤去极寒之地的原因。"小氦哥 1 号在一旁帮忙解释。

"费米子？玻色子？呃……是你们这儿的名人吗？我们那儿好多叫'子'的人，都可厉害了，比如：老子、孔子、孟子！"圆子低声问旁边的点点。

"也不一定啊，圆子也带'子'呢，你觉得她厉害吗？"点点打趣道。

"怎么不厉害了？也挺厉害的呀！"圆子不服气地辩解道。

"费米、玻色可能是人名，但玻色子和费米子在我们这里不是名人，也不是人名，而是性别。"点点继续给圆子解释，"其他的你不用管，就记住，玻色子这种性别，可以成群地待在同一个座位上。但是费米子这种性别，就必须单独坐在一个座位上，互不干涉。"

"哦，我知道了！那个费米子，"圆子小脑瓜一转，转头去问小氦哥，"就是你的电子们，不能睡大床房，只能睡标准间，一人一张床，谁也不能去对方的床上睡，对吗？"

"嗯，你可以这么理解。"小氦哥点头。

"不过……你这两个电子，真是挺吵的。我算是知道，为什么我从没听过老钠、老钾，还有刚才的老六他们的电子说话了。这要是解除了静音模式，外面 50 多个电子叽叽喳喳的，各自还在远近不同的轨道上，整个就是——三维立体环绕噪声系统，天呐！想想就崩溃！"圆子摇头作痛苦状，"还好，还好，幸好我只有一个点点！"

说话间，他们忽然看到眼前的另一根光柱移动了！

就像是一股红色的龙卷风，它带着中间被囚禁的原子移动起来。只是，光柱在移动到另一侧之后，就忽然消失了，其中被关着的原子看似自由了，但其实是被转移到了另一个陷阱里——一座由红带军团重兵把守的监狱！

"哎！我们的光柱也开始动了！我能感觉到它的移动，虽然速度并不快！"小氦哥 1 号忽然大声说，"刚才你说我们大部分同族，不是被关在这光镊里，那是在哪里？和这光镊的移动有关吗？"

"没错，光镊不是终点，只是手段，毕竟它捕捉原子的效率并不高。它只是像镊子一样夹起我们，将我们转移到另一个地方。而且对于像铯那样的原子而言，光镊并不能夹住他们。但光镊可以将他们驱赶到另一个地方，也就是我们也要面临的终点——双重间隔监狱。"

2 号小氦哥向他们解释："对于红失谐的我们而言，我们会被囚禁在红光最亮的地方；而蓝失谐的铷和其他原子会被两个红带军团夹在中间，被囚禁在最暗的地方。所以这个监狱的可怕之处就在于，什么原子它都能关住！"

"双重间隔监狱？"圆子有点儿懵了，光听这名字，就嗅到了极其危险的味道。电场河的两极监狱，只能囚禁失去了电子的原子，圆子和小氦哥都能顺利通过。但在这里，不知道还会不会像上次那么幸运。

"对，在那里，有大量的红带军团。他们笔直地排成很多队列，而每一个队列之间，存在一定的空隙，相邻的两个队列之间的空隙，距离完全相同。"2 号小氦哥接着补充。

"你说的，是不是……那里？"圆子一手拉着点点，另一只手指向前方。

顺着她指的方向看去，在一个陡峭的斜坡上，整齐地排列着一道道红光，每道红光都有着相等的间隔。那些红光，正遵循着"亮—暗—亮—暗"的规则，循环往复地形成明暗交错的条纹。

虽然阵型有点儿像圆子在学校里做课间操时每个班级站成一列，班级和班级之间空出一段距离的样子，但仔细看去，光强的变化却是连续的。红光的亮纹是中间最亮，两边渐渐变暗。而相邻的暗纹，也是中心最暗，两边渐渐变亮。

圆子他们所在的光柱，移动的速度不快，但仍在越来越靠近那明暗条纹间隔组成的双重间隔监狱。渐渐地，除了这明暗条纹，他们还看到了被困在其中的原子们！好像用这种方式，就能把所有原子都分成两类。针对每一类采取不同的囚禁方式，但是，所有原子都能被关进监狱里！

只见在红色的亮纹里，有许多小氦哥，还有和圆子长得一模一样的氢原子，他们都被困在监狱里。圆子还看到了抛着 6 个"橘子"耍杂技的氧原子。他居然在被囚禁时还能继续自得其乐地耍杂技，圆子不由得有些佩服。

在没有红光的暗纹里，仔细看去，还能看到刚才逃过一劫的铯好汉，还有最开始见过的铷大叔。圆子不由得心头一凉：他们都被关进这座重兵把守的监狱了！

眼看着距离越来越近，随着光柱的移动，圆子和两个小氦哥，也即将被送进这座庞大的监狱。圆子握着点点的手，不自觉地颤抖起来。

11.

击溃红带军团——量子态的坍缩

"怎么办啊？我们就要被送进那座监狱了！这个光镊，正在向那个地方靠近呢！"圆子心急如焚。由于光柱的移动和加速，之前靠碰撞把速度降下来的他们，又开始在光柱中心摇晃起来。

"是啊！那还能怎么办？虽说在监狱里没有自由，但之前单独被关在这个光镊里，我觉得更孤独、更难受。你们是刚进来，没体会到。唉……想想在那个大监狱里，至少还有很多我们的同族呢。"小氦哥 2 号有些认命地说道，他找到了一个可以安慰自己的理由。

"关键是咱们都不知道，被关进那个监狱之后，会面临些什么？"小氦哥 1 号明显不同意 2 号的观点。

"那些红带军团是怎么组成的？为什么能拥有这么强大的能力呢？"圆子并没有加入两个小氦哥之间的争论，而是疑惑地盯着前方发问，"在那个红带军团把守的斜坡前面，有一堵巨大的墙，你们看到了吗？墙上好像有洞，能让后面的小红球通过。咦？有些又不像是球，像丝带……嗯……它们通过门洞之后，就列队站好了！这是为什么？"

"你说得没错，那些小红球的速度很快，快到看不清，所以又像是红色的丝带。这是因为，所有光子都既是球又是波。这就是光的'波粒二象性'。"小氦哥解释，"你说的墙上的洞，应该是两扇门。这些红球和红带，只有通过这两扇双缝城门，才能整齐地排成队列！"

"可是，斜坡上有好多好多红色队列！墙上如果只开两扇门，他们不是应该只能排出两行队列吗？"圆子不解地歪了歪脑袋，"如果在我面前放一块只有两条竖缝的纸板，假设纸板背后是一面墙。我用水枪去呲这张带着两条竖缝的纸板，那么墙上应该只会留下和两条竖缝对应的水渍，不可能出现很多很多条水渍啊！"

"你说得对！但那是经典世界里的规则。在我们量子世界，是会有量子叠加态的。"一旁的点点开口了。

"量子叠加态？噢！我好像听爸爸说过。是说一个姓薛的叔叔，他的猫既死又活？"圆子挠了挠头，后悔当初没有刨根问底，让爸爸解释清楚"量子叠加态"是什么。

"我听说过宏观世界的一种表达。"小氦哥2号说，"一个叫薛定谔的人，为了让你们明白什么是量子叠加态，就解释说：把一只猫放进封闭的盒子里，在没有打开的情况下，猫就处在一种'既死又活'的状态中。"

"对对对，就是这个！"圆子点头表示肯定。

"当有人进行了观测，这个'既死又活'的叠加态，就会坍缩为'死'或'活'的任意一种状态。这也使得打开盒子时，猫就只有一个状态——要么死，要么活，而不可能处在量子叠加态上。"

小氦哥 2 号继续解释："而一旦坍缩之后，就不可逆了，也就是说，你打开盒子看到猫是活的，那无论你之后再怎么开或关那个盒子，猫也一直是活着的，不会再有任何变化。"

"你怎么对宏观世界的这个例子这么清楚？"另一个小氦哥问。

"我也是听说的，觉得很有意思就记住了。所以，从宏观世界来这里的人应该不只有圆子你一个。"小氦哥 2 号说。

"啊？还有谁也是从宏观世界里来的？"圆子听了小氦哥的话，感到非常震惊。

"哎呀，现在不是讨论这个的时候。先不想这个，现在最重要的是，我们怎么才能出去？怎么才能把困在这里的原子们解救出来！"小氦哥 1 号神色凝重地打断了她。

"咱们来总结梳理一下……眼前的红带军团方阵，是通过双缝城门形成的。而在双缝城门之外，我们看到了很多光子排着队，一个一个地进入。之所以通过双缝城门之后，会形成这种明暗相间的队列，大概是由于两个原因：一是波粒二象性，使得看起来像红色小球的光粒，同时也是波。是波，就有波峰和波谷，就会形成干涉，所以就会有明暗相间的条纹。"

小氦哥停顿了一下，又接着说："二是量子叠加。每一个小红球，在面对眼前的双缝城门时，它的选择从来就不是要么走左边那扇，要么走右边那扇，而是同时都走！这样，就形成了既走左门又走右门的'叠加态'。'量子叠加态'和'波粒二象性'就会让这些一个个通过双缝的红光士兵，在斜坡上组成这种明暗相间的条纹阵列。"

"哦，我明白了！"圆子兴奋地说，"所以，薛定谔那只猫'既死又活'的'叠加态'，在这里就是：既走左门又走右门的'叠加态'！那么，是不是只要'打破'它的波粒二象性或量子叠加态，我们就可以破坏这个军团的阵型了呢？"

"没错！但是……波粒二象性是它的性质，这个没法'打破'。不过，量子叠加态嘛……"小氦哥1号托腮想了想。

"天才！圆子，你真是个天才！没错，我们可以去'打破'他的量子叠加态！就像在'薛定谔的猫'的理论中，会因为增加了观察者，导致量子叠加态坍缩！一旦坍缩，就会阵脚大乱。那样的话，我们所有的同类就都能被救出来了！"小氦哥2号很兴奋地打断了小氦哥1号的话，夸奖圆子。

"可是……怎么加入观察者呢？难不成，找人去盯着城门看？看这些小红球到底从哪扇门通过？"圆子疑惑地摸了摸头，"难不成小红球一害羞，就坍缩了，就只能从左门或右门进去了？"

"观测不只是盯着它看！'观'不重要，重要的是'测'！看猫是死是活不重要，重要的是打开盒子的举动！测量本身，才会影响通过的光子，让它坍缩！"小氦哥 1 号接着说，"所以，只需要两个原子，分别去两扇门附近去感受从门中穿过的光了。通过这样的观测手段，就能让这个叠加态坍缩了！"

"说得好！但咱们连这个光镊都出不去，怎么去到那两扇门附近呢？"小氦哥 2 号的这句话，无疑给大家泼了一盆冷水。

三个"臭皮匠"找到了红带军团方阵的阵眼，也推理出了破解之法。但无情的现实，却让他们束手无策。

"氧大哥！氧大哥！你能听见吗？"圆子试图引起远处氧原子的注意，她鼓起腮帮子，手拢成喇叭状。两个小氦哥也去呼叫他们的同族，但不知道是不是光镊阻隔的原因，远处的原子们好像根本听不见这边的动静。

圆子看到氧原子还在无动于衷地抛着"橘子"，耍着杂技，又生气又觉得好笑："唉……你朝双缝城门扔几个'橘子'也行啊！"

"他们就算听到我们的喊声，也没办法从斜坡上下来，去到双缝城门那里观测。毕竟，他们都是被关在监狱里，一时半会儿也出不来呀！"点点在一旁提醒。圆子和两个小氦哥对视一眼，意识到点点说得有道理，不免有些沮丧地停止了呼喊。

三个人沉默着，垂头丧气了好一阵子。直到大家都目光涣散，面无表情地盯着那两扇门，想着是不是要这样坐以待毙，被送进那座双重间隔监狱。"唉，不知道进入这座监狱之后，我们的命运又会怎样？"圆子气馁地想。

"老大！""老大！"突然，许多浑厚的声音从他们身边传来，圆子顺着声音传来的方向看去："咦？是老六他们！"而且不止有铯好汉，他们还带来了许多铷大叔！

"你……你们怎么来了？哎呀，看到你们，真是太开心了！"圆子瞬间从沮丧的心情中抽离出来，看到这些熟悉的朋友们，让她激动得差点儿喜极而泣。

"老大，你受苦啦！唉，都怪俺，俺是真不知道，你和小氦哥会被吸进这光柱里！对不住啊！俺以为俺没事，就想当然地觉得，你也一定没事。俺忘了，咱俩的性质、体质、生长环境都不一样。俺用自己的经验来判断你的情况，真是缘木求鱼！"带头的铯好汉边说边弯腰作揖。

"没事的，你又不是故意的！我也应该考虑到咱俩的性质不同。嘿嘿，这不怪你！能看见你，我已经很开心啦！"圆子从来没有埋怨过铯原子，因为他一开始就说，他不会被吸入光柱，他并没有说谎。

"咦？小氦哥，你怎么还能分身呢？"铯好汉直起腰，看到眼前的两个小氦哥，疑惑地揉了揉眼睛。

"什么分身？他是'原住民'，我是外来的。"小氦哥 1 号翻了个白眼，"对了，你看到下面的那个红带军团把守的监狱了吗？"

"看到了！还有很多同族都被关在那儿呢！那个地方挺吓人的，你看，还有人被勒令一直耍杂技。"

"哈？你是说那个抛'橘子'的氧原子吗？"圆子擦了擦额边的汗，"呵呵……他有没有可能是自愿的？"

小氦哥明显理解不了圆子和铯好汉的内部笑话，一脸严肃地对领头的铯好汉说："你看，红带军团会依次通过那道墙，墙上有两扇门。你可以带着你的朋友们去门那里，观测光子们是从哪扇门进入的！"

"啥？观测？还要跑到门边上，看他们从哪扇门过去？"铯好汉疑惑地挠了挠头，丈二和尚摸不着头脑，"就只在旁边盯着，不打、不骂、不说话？那……能起到啥作用啊？"

"不是盯着看！是去守门，知道不？就是带着铷原子他们一起，去门旁守着，看小光球从哪边过！"小氦哥再次解释。

"哦……就是去当守门员呗，这还不简单！兄弟们，五哥，咱们走！"铯原子冲着其他原子们振臂一呼，大家便齐刷刷地转身，奔着红带军团的方阵而去。

看着铯好汉和铷大叔他们渐渐远去的背影，圆子和小氦哥的心中升起了希望。"这次能不能幸免于难，就看他们的了。"圆子心想，恍惚间觉得，他们就像一群充满江湖义气的豪杰，侠肝义胆，正气凛然地解救大家于水火之中。

"我没想到，他们还会回来。"点点愣愣地开口。

"我也没想到！我还以为，他被光柱推走了，就不会再回来。更没想到，他还带回来那么多援军。"圆子继续沉浸在对铯好汉的敬佩之中。

"想啥呢？我是说，喏，你看！他们又回来了！"点点大声说道，把圆子一下拉回了现实。

"啊？啊！你们怎么又回来了？"圆子不知道铯好汉为什么这么快就回来了，转眼望去，那座巨大的监狱依然由重兵把守，整齐的阵列也没有丝毫变化。

"老大，俺们想了想，要是把它摧毁了，这光柱应该也就不会再移动了。如果是这样，那你们就会被永远困在这里。我们几个商量了一下，还是决定先把你们救出来，然后再去击溃红带军团。至于解救同胞们的事嘛，咱们一起去做！"铯好汉声如洪钟，说完就带着其他原子们，正对光柱的中心排成了两排。

"这……他们这是要干什么？"圆子问点点。点点还没回答，就听领头的铯好汉一声令下：

"咱们都是蓝失谐，这光柱只能推咱们，没办法把咱们吸进去。咱们依次冲锋，一队和二队间隔着上。咱们只要不停地撞击，把动量和能量传递给他们，就一定能把他们撞出这光柱。我数'三——二——一'，咱们就开始！三——二——一！"

原子们排成方向垂直的两排，正好和光柱的中心一起围成了直角的扇形。话音刚落，带头的铯好汉就第一个助跑加速，撞向光柱！在光柱中前进了一段距离之后，眼看着速度就要慢下来，第二个铯好汉又立刻冲了进来，砸到第一个的背上。

这下，第一个冲进来的铯好汉眼看着就碰到圆子了，把她撞得晃悠起来。之后，第二队的原子们继续冲锋。在圆子晃到速度几乎为零，但是距离光柱中心最远的时候，第二队的铷大叔冲了进来，又一次撞向圆子。

圆子开始绕着光柱中心旋转画圈。两支队伍依次助跑，冲向她，不断撞击，让她加速。圆子发现，自己的速度越来越快，距离光柱的中心也越来越远。而撞过光柱和圆子后的铯原子和铷原子，则以相同的速度从光柱里弹了出去。

其他原子们则手拉着手组成了一个方阵，接住了那些被弹出来的勇士们。就像是赢得冠军的球员们把教练抛向高空，等他落下之后再把他接住一样。与之不同的是，这种不断地抛出再接住，不是因为赢得比赛的喜悦，而是为了齐心协力，救出他们的伙伴。

铷原子和铯原子一次次的撞击和助跑冲锋，感染了圆子。

她看着这些挨个儿冲进来，不惜磕得鼻青脸肿，也要为她增加一点点速度，帮她逃出去的原子们，眼泪唰的一下就流了出来。

"来！再撞几次！老大现在离中心越来越远了，咱们得斜着撞她，别把她再撞回去！"其中一个铯好汉大声说。

于是，原子们调整状态，又撞了几次。终于，在大家都汗如雨下，快要筋疲力尽的时候，圆子飞出来了！场外的铷原子和铯原子伸出手，轻而易举地接住了她。

"老大，你咋啦？"看着泪流满面的圆子，大块头的铯好汉一脸茫然。

"你这大块头，每次都把我撞得生疼。"圆子虽然嘴上埋怨，心里却是充满感激的。

"哈哈……都怪俺。"铯好汉不好意思地摸摸后脑勺，接着又招呼其他原子们，用同样的办法，把两个小氦哥也撞了出来。

"谢谢你们！"小氦哥一改之前的冷漠，真诚地说，"辛苦大家了！"

"没事，咱们去解救其他同胞吧！"铯好汉一边擦汗，一边摆了摆手。

圆子、铯好汉和两个小氦哥一起走在最前面，后面跟着长长的原子大部队，一行人奔向红色光子们排队进入的双缝城门。

"老大，俺们靠近这些红光的时候，还是会有种被朝外推的感觉。"铯好汉喘了口气说道。

"你说的没错，我也有种被向内拉的感觉。不过，还好这股力量并不大，不像在光镊里，那里的拉力太大了！"圆子伸手抹了把头上的汗。

"圆子，咱们比较轻，而且受到的是拉力，不如就由咱们打头阵。铯好汉、铷大叔，你们殿后。一旦我们成功得手，就能阻挡这些红色的光子。你们去堵住门，让大家安全撤离。"一旁的小氦哥1号说。

"没问题，俺明白，老大你们小心！"铯好汉接口道。

只见圆子和两个小氦哥一起，快速地奔向双缝城门。两扇门前，还有许多光子正在排队依次进入。圆子和小氦哥从他们的角度看过去，根本看不清每个光子进入的到底是哪扇门，光子的速度太快了！

"你去左边那扇门，我们去右边那扇！咱们没法看清楚，只能让电子去感受！让我们的电子去吃或撞光子，来感受它们到底是从哪扇门通过的！不用把所有光子到底从哪扇门通过都测量清楚，我们测量和干扰这些光子的行为就会让这个叠加态坍缩！"小氦哥在快速跑动中，大声地交代圆子。

"好！点点，这次靠你了！"圆子握紧了点点的手。

他们跑到各自把守的城门处，小氦哥的两个电子正围着他左右晃动，远远看去，他就像一个把双截棍耍得出神入化的大师。

圆子站在左边的门前，摆好了守门员的姿势，身边的点点也神色郑重地站好，有种"一夫当关，万夫莫开"的架势。

"我们只需干扰它们，让它们坍缩，不必把光子全部阻隔在外。可以允许红球飞进门里，这不要紧！"小氦哥朝圆子大喊。

点点开始在圆子周围快速旋转，观测着要飞进左门的光子。不一会儿，只听见背后一片混乱。圆子在阻挡光球的间隙回头看去——只见之前整齐的红色队列，忽然间四散开来，如一盘散沙一样，原本整齐的队列顷刻间土崩瓦解。

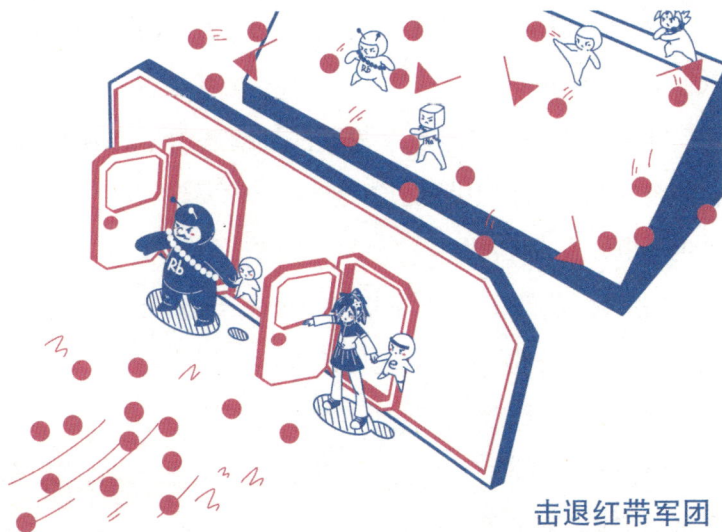

击退红带军团

圆子很难想象，在这么短的时间里，双重间隔监狱就已经不复存在了！曾经整齐的军团，此刻已是溃不成军，被之前囚禁在监狱里的原子们冲得七零八落，四下奔逃！

"快跑，往没有红光的方向跑！"小氦哥一边耍着"双截棍"，一边朝着逃出监狱的原子群大喊。

"谢谢兄弟！""谢谢兄弟！"那边传来和小氦哥一样的声音，应该是他的同族们。

"嗨，谢谢你，我来帮你吧！"圆子的耳边响起一个清澈的声音。她回头一看，原来是一个和小氦哥长得很像的女孩。

"不用谢，嗯……你是？"圆子看着那张似曾相识的脸，有点儿迷糊了。

"嘻嘻，我也是氦。"女孩看到圆子脸上的表情，笑了笑。

"啊？我还以为，氦只有男孩呢……"圆子的脸上闪过一丝惊讶。

"这里不是说话的地方，我们先阻挡这些光子，别让它们再集合起来！"小氦姐同小氦哥一样，也耍起了她身侧由两个电子组成的"双截棍"。

"老大，俺们来迟了！你快和小氦哥一起走吧，这里有俺们呢！"铯原子和铷原子此刻也赶到了。

"好，这里就交给你们啦！"圆子点点头。

她交接好任务之后，就和小氦姐、小氦哥一起，跟着四散的原子们，往没有红光的地方跑去。回头时，她看到健壮的铯好汉正甩着最外层的电子，气势如虹地站在双缝城门旁边，铷大叔也甩动他的"长鞭"，在另一扇城门前，安如磐石。

圆子觉得鼻子有点儿酸酸的，她不知道，在之后的旅程中，还会不会再遇到他们。她也不知道，他们会不会一直在那里把守着城门。因为一旦他们累了，离开了那两扇城门，红带军团就会重新集结，卷土重来。而那座庞大的双重间隔监狱，就又会重新困住那些误入深红之地的原子。

"你们要小心啊！我先走了！谢谢你们，再见！"圆子用力挥动着双手，朝着铯好汉和铷大叔大喊。

"哈哈，放心吧，老大。你快走吧！我们还会再见的！"铯好汉的脸上，仍然洋溢着爽朗的笑容。但他心里知道，虽然这么说，但即便再次相见，圆子他们见到的铯好汉，也不一定还是他了。

第四章

勇闯
极寒之地

12.

微观世界的两种性别：玻色子与费米子

"红……红带军……军团散开了，快，快跑啊！"氧原子磕磕巴巴地喊道。别看他嘴笨，脚下动作却飞快，一溜烟地跑向远处，手里还不停地抛着6个"橘子"。

自从圆子和小氦哥出现在城门口，斜坡上整齐排列的大军就突然散开了，不再保持整齐的队列。而曾经被关在监狱里的原子们，还没等氧原子喊完，就全都四散逃开了。四散的原子中间还掺杂着红色的小球，场面一度非常混乱。

可能是被红带军团困住太久了，大家对红色多少有些忌惮。所以，大多数原子看到红色，都忙不迭地跑开，尽可能地奔向远处。

在向远处逃跑的原子中，有许许多多的小氦哥，还有一些小氦姐。此外，还有铷大叔、铯好汉、老钾、老钠……甚至还有原子们一起组成的分子小队。比如，跑在最前面的氧原子，就拉着两个和圆子长得一模一样的氢原子。

这次，这位氧原子耍的不再是六个'橘子'，而是八个！但仔细看去，也不是只有氧原子在耍杂技，两个氢原子也和他一起"六手连弹"，就像弹钢琴一样！两个氢的两个电子，加上氧本身的六个电子，大家同时耍起了八个电子。

但有意思的是，单独盯着氧原子看时，他的外部就像是有八个电子。而单独看每个氢原子时，又好像是各自都有两个电子。一个氧和两个氢形成的整体，就是一个分子，而这个分子就是我们熟悉的"水分子"。

"氧大哥，一段时间不见，你这杂技水平有所提升啊！"圆子追上一个水分子夸赞道。

"对不住了，我们这'六手连弹'总共八个电子，位置已经满了。你要想成为水分子，就再去问问别的氧大哥吧！"其中一个和圆子长得一样的氢原子回应道。她知道，要等氧大哥完整地说一句话太难了，于是就抢先对圆子说。

"哦，这不用你操心，我一个人挺好的，暂时还不想变成水。"圆子笑了笑，"不过，你不说我还不觉得，你一说，我忽然有点儿渴了。"

"噗，"同行的小氦姐没憋住，笑出声来。不过下一秒，她就伸出手拉了一下圆子。"小心后面！"小氦姐慌忙提醒。

在她们身后，曾经被困在光镊里的原子们纷纷脱离束缚，掉落下来，砸向了正在逃跑的大队人马。就像是在排队上公交的队伍队尾，有人往前推了一下，前面的人就会像多米诺骨牌一样，一个推着一个地往前挤。

幸而在队伍前端的一些水分子和圆子的距离相对较远，排布得较为稀疏，所以趁着"多米诺骨牌"效应还没传递过来之前，小氦姐就拉着圆子闪开了。

"呼……小氦姐，咱们现在离红带军团很远了，这里虽然还剩些零星的红球，但咱们应该已经安全了吧？"圆子气喘吁吁地问。

"应该是没事了。"逃过一劫的小氦姐也深深呼出一口气。

"对了，我刚才就想问，你和小氦哥都是氦，为什么长得和他不一样呢？"圆子把气喘匀后忙问道。

"哈哈……小氦哥，来，你过来。"小氦姐对着一旁的小氦哥说。

"三姐你叫我？"小氦哥凑近她们。

"来，你对着我们，转一圈。"小氦姐捂嘴笑着说。

"啊？"小氦哥虽然不明所以，但还是乖乖地原地转了360度。

"看出什么了？"小氦姐看向圆子。

"看……看出来了，他很听你的话。"圆子点点头。

"噗！你再看我，我给你转一圈，你仔细看。"小氦姐对圆子说完，就在她和小氦哥面前也转了一圈，"看出什么来了？"

"呃……你的身材比他好？"圆子摸了摸头，还是没明白小氦姐的意思。

"哎呀！"小氦姐又转了一圈，再看向圆子，瞧她的反应。

"哎？不对啊，你怎么转了两圈后才又面向我！正常来说，无论什么物体，旋转 360 度之后，都应该恢复成转之前的样子，刚才小氦哥就是！可你为什么转了两圈，才恢复成原来的样子？"圆子这回发现了其中的端倪。

"哈哈，还行，不傻，比他聪明！"小氦姐指了指旁边的小氦哥继续说，"因为他是玻色子，他的自旋是整数。也就是说，他旋转一圈就能回到原来的样子。而我是费米子，自旋是半整数，我得转两圈之后，才能让总旋转量是整数，回到原来的样子！"

小氦姐看着圆子脸上似懂非懂的表情，又说道："但是我们俩都有两个质子和两个电子，这也决定了我们俩都属于氦元素。但不一样的是，我有一个中子，他有两个中子。所以在我这个身体里，有两个质子一个中子，总质量是 3。而他有两个质子两个中子，总质量是 4。所以，你上一句话说得也没错，我确实比他身材好。嘻嘻。"

"呃……好多'子'啊，感觉比一本论语里的'子'都多。所以这个世界里，充满了玻色子、费米子、质子、中子……"圆子觉得自己快被绕晕了。

"不！"小氦姐打断了圆子的话，"这个世界，只由玻色子和费米子组成。质子、中子、电子这些都是费米子，光子、介子、胶子这些都是玻色子。"

"啊？胶子……我想吃饺子了。"圆子嘟囔着咽了咽口水。小氦姐以为她没听懂，又继续解释："就像你们不会说，世界上的人可以分成男人、女人、老人、小人。"

"不好意思啊，你说的'小人'可能是'小孩'的意思，因为在宏观世界里，'小人'不是用来描述年龄的，而是用来描述道德品质的。不过，我明白你的意思了！就是说，玻色子和费米子，其实就是这个微观世界里，可以将所有粒子分类的两种性别咯？这么说的话，我就是玻色子？"圆子问。

"这么说吧，你和你的电子在一起形成的氢原子，这个整体是玻色子。但你其实也是费米子，因为你是质子。组成我们的，基本上就是质子、中子和电子，这三个都是费米子。"

小氦姐停顿了一下："但是你可以简单地理解成，如果一个原子拥有的粒子总和是奇数，那总体就是费米子。比如我有两个质子、两个电子、一个中子，一共五个费米子，那我这个总体就是费米子。而你有一个质子和一个电子，或者他（小氦哥）有两个质子、两个中子、两个电子，粒子总和是偶数，那就是玻色子。"

"哇……听上去还挺复杂的。"圆子皱了皱眉，"照你这么说，无论我们这个整体是费米子还是玻色子，组成我们的这些基本粒子，比如质子、中子、电子都是费米子；而我们这些原子，又可以组成任何物质。这么说，其实世界上的所有物质，都是由费米子组成的咯？那为什么还要有玻色子呢？"

"哎呀，好问题！你觉得这个世界，只是由物质组成的吗？"小氦姐拍了拍手。

"对呀！"圆子想当然地说。

"不，组成这个世界的除了物质，还有物质之间的关联！粒子的碰撞、我们之间的交流、电磁场，甚至引力场中形成的力，这些都能产生物质之间的关联。如果真的只有物质本身的话，每一个粒子都是无法与外界交流的。如果所有粒子都看不见其他粒子，而且粒子之间也没有任何相互作用的话，那这个世界就太单调，也太孤独了。而很多的玻色子，就是在物质之间建立关联、充当媒介的。"

"哦……那就是中介呗！建立关联……"圆子若有所思地想了一会儿，"那……电磁场的作用是靠什么实现的？"

"光子。"

"那我们之间的交流呢？"

"声子。"

"那太空中的引力呢？"

"引力子。"

"真的都是'子'啊！那……那我爸妈之间的感情呢，那也是关联，而且是强关联！这又靠的是什么子？"圆子故意给小氦姐出难题。

"啊？"小氦姐先是一愣，然后眼珠一转，手一指，笑着对她说，"圆子！"

圆子这下服气了。都说孩子是父母的爱情结晶，很多时候，她也确实在父母之间起到了很好的媒介作用。圆子想起之前妈妈心情不好的时候，她会和爸爸"骗"妈妈出门逛街吃饭，逗妈妈开心；在爸爸过生日时，她也会和妈妈一起，偷偷地给爸爸准备礼物……爸爸妈妈经常对她说，她是他们最珍贵的宝贝。

"是啊……我这么久没回家，他们肯定急死了。"圆子喃喃地说，觉得鼻子有些发酸。

"哦，还有一点。"小氦姐的声音又把她从思念中拉了回来，"我们所说的物质，大多数时候，是以'有没有质量'来判断的。但是，质量却是由一种特殊的玻色子赋予的，我们叫它'希格斯玻色子'。"

"关于费米子，我还知道一个规则：他们不能挤在一起睡觉！"圆子忽然说出这么一句无厘头的话。小氦姐一愣："挤在一起睡觉？"

一旁的小氦哥只好凑到她的耳边，把他们之前聊过的关于电子的话题告诉了她。

小氦姐听完，哈哈大笑起来："哦！你说的是'泡利不相容'原理啊……哈哈，我们费米子，不喜欢和别的费米子挤在一起，每一个费米子都要单独占据一个能态。而玻色子嘛，则可以全部处在同一个能态上。据说，如果很多很多玻色子都处在同一个能态上，就会变成一个'巨人'，成为大到在宏观世界都能看到的量子态，这也是小氦哥他们要去极寒之地的原因。"

"所以，如果把我所说的状态，想象成是公交车上的座位。那费米子在车上的时候，必须每一个单独坐一个座位。被占的座位，其他费米子就不能再坐了。而玻色子上车时，他们所有人都可以坐在同一个座位上。"小氦姐举了个宏观世界的例子解释给圆子听。

"这么说，玻色子还挺省座位的！"圆子打趣道。

"这么说吧，如果公交车上每一排有两个座位，但是有很多排。你在上车时看到这样的情况：有些排有一个座位被占了，但还有一个座位空着；其他排两个座位都是空着的。你会挑哪一排坐？你是会去坐已经有人的那排的空座位，还是去两个座位都空着的那排？"小氦姐笑着问。

"嗯……如果这些乘客我都不认识的话，我更想去没人的那排坐下。"圆子想了想说。

"我就是这么选的！"点点突然说话了，"不过……好像也不是我选的，而是我必须这么做。因为这是规则。"

圆子听完忽然沉默了，她想不明白：为什么面对相同的情况时，一个电子根据规则做出的必然选择，会和宏观世界里的她自由选择之后的结果是一样的。那么，所谓自由的选择，真的是自由的吗？

在宏观世界里，会不会也存在着和量子世界类似的规则，这些规则在潜移默化地引导着我们？就算做出看似自由的选择，会不会也都最终指向同一个必然的结果？圆子想不明白，她拍了拍自己的头，仿佛这样就可以消除头脑里乱七八糟的想法。

圆子继续刚才的话题说："听你这么一说，我觉得还是费米子好，每人占一个座位，多自由啊！"

小氦姐不置可否："可有时候，你也会发现，自由的代价是孤独。仙人掌有很强的防御功能，它完全可以自己占一个座位，因为没人敢靠近它，或是和它抢座位。但这样的防御系统，也注定了它任何时候都是孤独的。"

"哎呀，别说得这么悲观嘛……"圆子打断了小氦姐略显沉重的话，"你看，我和点点都是费米子，组成一个玻色子也挺好的呀！而且，咱们也可以是好朋友，好朋友之间也不用非得靠得特别近！"

"嘿嘿，你说得没错！"小氦姐点点头，"那咱们继续走吧！"

"嗯！"

"啊啾！——"走着走着，圆子突然打了个喷嚏，"小氦姐，你有没有觉得，我们走的这个方向好像越来越冷了？"

13.

进入低温世界——神奇的相变

"真……真冷啊！我……我这手都要冻僵了！你……你俩咋样？"水分子里的氧原子颤颤巍巍地对身旁的两个氢原子说。

"怎么可能不冷！瞧！那边还有很多水分子呢，咱们去找大部队抱团取暖吧！"其中一个氢原子提议。

于是，这支水分子小队，使出最后一点儿力气，朝着大部队狂奔过去。

大部队果然不一样，那里所有的水分子都手拉着手，抱在一起抵御寒冷。只见一个水分子和另外四个水分子连在一起，它位于四面体的中心，而其他四个水分子，构成了这个四面体的四个顶点。

"兄……兄弟们，抱……抱……抱团取暖"，新来的氧原子边说边往前凑。

一个氢原子和另一个氢原子一起，牵起了新来的氧。

同时，新来的那个水分子的两个氢，也分别牵起了其他两个水分子里的氧。就这样，这个刚靠近的水分子立即就和其他四个水分子手拉着手，抱团取暖。

"氧大哥，你跑得挺快啊。刚才我正和小氢姐聊着天，一回头就看到你跑这儿来了。"圆子和小氢姐刚追上来，就看到氧大哥组成的水分子，正牵着周围的四个水分子。

"你……你不冷吗？"氧大哥看了圆子一眼。

"冷啊，这里没有红光，可不就是越走越冷。不过，你这就找到四个水分子抱在一起了？你动作好快啊！"圆子不免感叹道。

"我……我冷，你……你帮我……我说吧。"氧原子求助地看向旁边的小氢姐。

小氢姐笑了笑，接过氧原子的话，替他解释："他是在形成'氢键'呢。你看，这浩浩荡荡的水分子大军，都是用氢键连接在一起的。按理说，你现在也不能再叫这个大家伙'水分子'了。"

"不叫水分子，那叫他啥？水胖子？"圆子睁大眼睛问。

"噗……他和众多的水分子一样，都连上了氢键。每个氧最外层有六个电子，其中两个分别和两个氢原子共用，这就组成了水分子，氧剩下的四个电子则组成两个电子对。这样，水分子里氢原子唯一的电子，就被氧原子的最外层电子征用，也与之组成了电子对。所以，水分子中的氢带一点点正电，而水分子中的氧带一点点负电。因此，一个水分子里的氧和另一个水分子里的氢之间，会有微弱的吸引力，这个吸引力，就是氢键。"小氦姐耐心地解答。

"你看，他一个氧，用两个落单的电子，分别连接了两个水分子中的两个氢。而他握住的两个氢原子，又都分别微弱地连接上另外两个水分子里的两个氧。他这一个水分子，不就连接了周围的四个水分子了吗？"

圆子看着眼前的水分子，动手数了数……"哦！我看懂了，所以每个氧大哥，通过使劲地牵着两个氢，构成稳定的水分子。同时又轻柔地牵着两个其他水分子里的氢，构成氢键。所以……我们应该叫他啥呢？"圆子又把问题抛给了小氦姐。

"水。"小氦姐回答得干脆利落。

"是因为他现在，已经和其他的水分子组成一个整体了？"圆子不确定地问。

"对！"小氦姐接着说，"刚才我们看到的零星的水分子们，彼此间隔的距离较远，属于水蒸气，是气体分子。他们的运动速度很快。但是你看，现在越来越冷之后，他们抱团取暖，形成了氢键。这时候，他们就不再是刚刚的气体了，他们发生了'相变'，变成了液体，也就是——真正的水！"

低温世界的相变

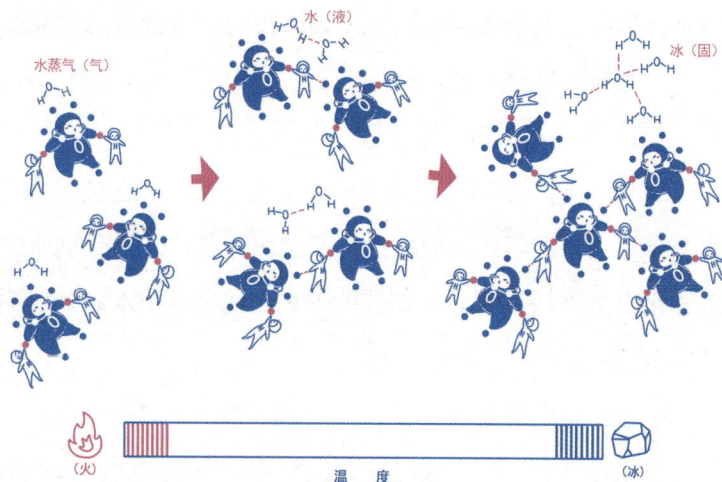

"噢，我知道了！我们宏观世界里喝的水，还有大海里的水，都是氢键连接着的水分子。我以前就好奇过，为什么一块大石头砸进沙子里，空中会扬起很多沙，但砸进湖里，只会激起涟漪，之后慢慢就会归于平静。原来是因为这些水分子牵着手呢。因为他们的连接不容易被打破，所以即便出现了一层透明的水膜，也不会像沙子一样轻易被打散！"圆子恍然大悟。

"嗯，你可以这么理解。"小氢姐点点头接着说，"水，是没有固定形状的。水分子之间形成的氢键，其实是动态的，会经常断开，然后再重组。如果你仔细看，就会发现有些水分子原本的氢键会断开，然后它们会和其他水分子再连上。"

"是啊，感觉就像是在宴会上，一个人和旁边的人说话，说着说着，又转头去和别的人说话了。反正大家一直在说话，只不过，每个人说话的对象总是在变换！"圆子点了点头，又突然问小氦姐，"小氦姐，你有没有发现，这里好像没有刚才那么冷了？"

"嗯，没错，"小氦姐感慨了一下，"这升高的温度，其实是这些氧大哥造成的。"

"啊？怎么可能？他们不是都冷得变成水了吗，怎么还会给我们热量？"

"因为氢键呀！所有氧原子在与其他水分子里的氢原子形成氢键的过程中，都会释放热量。形成'键'就意味着状态更稳定，而状态更稳定，就意味着维持状态所需的能量更低。所以，形成氢键，是释放能量的过程。因此，我们就会感觉到周围温度升高了。"

"可我还是不太明白……"圆子和小氦姐继续向前，边走边问，"我记得，无论是量子世界还是经典世界，都是自发追求'熵增'的。过电场河的时候，氘婆婆给我提过，爸爸也给我讲过。'熵'可以用来形容混乱程度，而物体都是自发地熵增，也就是想要变得更混乱。"

圆子一边回想着爸爸举过的例子，一边说："就比如，随便扔保龄球，就会把那些立着的保龄球瓶打得东倒西歪。但不可能扔一个保龄球过去，能把东倒西歪的保龄球瓶全部恢复原状，让它们规规矩矩地立好。但是，现在这些水分子们都自发地手拉着手，规规矩矩地排列好，这不是'熵减'了吗，这是违反'熵增定律'的！"

圆子想起自己小时候，经常把衣服弄脏；吃东西时会把饭粒弄得到处都是，爸爸妈妈就经常管她叫'熵增兽'。最开始，她还不知道那是什么意思。

"嗯，有道理，你懂得还挺多！"小氦姐笑着夸赞道，"不过，你应该把整个空间想象成一个整体，考虑整个系统的熵，而不是局部的。他们确实像你说的那样，组成了一个个四面体，手拉着手变得更整齐，看上去，熵也确实减少了。不过，你看看他们周围的原子，看看我们。"

小氦姐接着说："我们确实感受到了他们凝结成水、形成氢键所散发出来的热量，而我们获得的这些热量，不就是熵增吗？熵增定律应该是对整个系统而言的。所以说，在没有外界做功的情况下，我们这些外界环境中增加的熵，一定会比他们凝结成水减少的熵要大很多。"

"既然气体凝结成水要散发热量，那这些热量，为什么不会让一部分水再汽化呢？"圆子继续追问。

"哇，来自经典世界的你，居然能问出这么深奥的问题！"小氦姐脸上的赞许意味更浓了，"你要相信，大自然一定是世界上最厉害的精算师。它经济且准确地计算好了每一个规则的每一部分，绝不会出现自相矛盾的情况。如果有，那一定是我们理解错了。"

"大量的水蒸气液化变成水后，肯定会释放出巨大的热量，而这些热量，应该会让一小部分水从液体再转化成气体。那我猜，大自然一定会计算好这些热量会让多少水再次汽化，那么在液化的时候，就索性不让这些水蒸气液化了。或者你也可以理解成——所有水分子确实都先从气体变成了液体，其间散发的热量又让一小部分液体重新变回了气体。只是这个过程太快，就好像是同时发生的一样。"小氦姐觉得圆子的这个问题很有意思。

"哎，小氦姐你看，飞过去的那是什么？"圆子忽然指向空中。

"水分子！"小氦姐盯着那飞过去的不明物体，"那些可能是从光镊里出来、拥有很快的速度的水分子，因为动能太大，没法和这里的水分子形成氢键，所以就一路跑下去了！"

"走，咱们追过去看看！"圆子说。

圆子想和氧大哥说句"再见"，但回过头去，却发现已经分不清那些水分子中，哪一个才是和他们一路走来的氧大哥了。

所有水分子好像用铁索连起的战船，连接着，又飘荡着。圆子只好冲着所有水分子们摆摆手，然后转过身，加入小氦姐和几个小氦哥的队伍，继续向极寒之地进发。

14.

六方对称冰封术

"唉……我有点儿走不动了。我们……我们走慢一点儿吧。"圆子跟着小氦姐和小氦哥一起往前跑，渐渐觉得有些力不从心。

"我们也很累，但是没办法，咱们得快点儿离开这个危险的地方。"小氦姐喘着气说，"这里的温度越来越低了。我们虽然没有像水分子一样形成氢键，但环境温度的降低，还是会降低我们运动的速度。"

"是啊，我也觉得好冷。我现在终于理解为什么在东北农村，人们冬天都喜欢待在炕上。原子们是不是也这样，越冷就越不想动弹？"圆子想起小时候，爷爷奶奶带她去东北乡下过年，几乎整天都是在炕上度过的。

"在宏观世界里，可以这么说。因为气温低的时候，出门会消耗很多热量，所以大家更倾向于保存能量。就像有些动物会选择用'冬眠'的方式度过寒冬。但在我们量子世界，并不完全如此。圆子，我考考你，你有没有想过，如何去定义和判断'温度'呢？"小氦姐忽然抿嘴一笑，抛给圆子一个问题。

"怎么定义温度？呃……我就知道用手摸，感觉'烫'的话，就说明温度高，感觉'凉'，就是温度低。"圆子也意识到自己说得不太严谨，于是补充道，"我们可以使用温度计，比如宏观世界里的酒精温度计——把含有红色颜料的酒精，注入一个玻璃管。温度高的话，酒精柱就升得高。温度低的话，它就会降下来。"

"嗯，倒是也没错，但是你知道为什么吗？"小氦姐追问道。

"为什么……因为热胀冷缩？"圆子试探地问。

"没错，对于液体酒精来说，就是热胀冷缩。对于固定质量的酒精而言，温度越高，密度就越小，体积也就越大，所以液体就会在管子里攀升。反之，温度越低，密度越大，体积也就越小，温度计里液体的高度自然就会下降……"

小氦姐看着圆子笑了笑，"不过，这不是问题的根本，根本在于——为什么会有热胀冷缩？温度，其实是反映物体内部粒子平均动能的物理量。温度高，平均动能高，也就说明粒子们到处跑时的速度更快，从宏观角度，就是看上去体积变大了；如果平均动能低，粒子都不怎么动，看上去体积

也就小了。所以，我们运动的快慢，才是衡量环境温度的
标准。"

"那温度几乎达到绝对零度的时候呢，也是靠这个来测量
温度的吗？"圆子好奇地问，她记得没有任何物体的温度会
低于绝对零度。而物质的温度就算接近绝对零度，物质也会
有完全不同的性质。

"不是的，"一直跟在她们身后的铷原子突然开口，"老大
别见怪！俺一直在旁边听你们聊天呢，嘿嘿。俺听说，咱们
的同族曾经历过特别冷的时候，那时的气温只比绝对零度高
了 0.00000001 度，整个原子就像抻面一样被抻长了！之后，
既能变身，又能穿墙，又能心灵感应……"

铷原子迎着圆子探究的目光，摸了摸头："俺也不知道这
是不是真的。那时候，大家几乎全待在最低能级的基态上，
要想知道温度，好像就要看有多少兄弟分布在激发态上。换
句话说，就是几乎所有原子都不能动弹了，要测量温度的话，
就要数数还有几个兄弟能动弹！"

"这样啊……"圆子点点头，忽然又像发现了什么一样，
"铷好汉，你回来啦！你啥时候追上我们的？刚才面对红带军
团时多亏你帮我顶上，我才能逃走。"圆子开心地冲着铷好汉
竖起大拇指。

"啊？俺没有啊！"铷好汉一脸懵，"不过，原来是老大
你打败了整个红带军团啊！哎呀，原来是你让我们逃出双重

间隔监狱的？兄弟们，咱们一起来谢谢老大！"铯好汉招呼着身旁第一族的原子们。

"谢谢老大！""老大太棒了！""老大真机智！""不愧是老大！"夸奖的声音此起彼伏，圆子虽然觉得不好意思，但心里还是美滋滋的。

"没有，没有，"圆子谦虚地摆摆手。

虽然周围的环境很冷，但是有铯好汉，铷大叔他们一起陪着圆子向前走，让圆子感受到久违的热闹。一队人说说笑笑，圆子也把宏观世界里的故事讲给他们听，他们津津有味地听着"老大"的奇幻经历，有时拍手称快，有时静静思考，有时又哈哈大笑。

不知不觉间，他们走了很远，路的尽头不再有小光球，温度也越来越低。

"你们有没有觉得，走到这里感觉更冷了。咦？你们看，刚才水分子们用氢键连接时还不稳定，水还会波动，氢键也会不停地断开再重组。但现在看起来，氢键好像快要全部稳定了！"圆子的眼睛亮了一下。

"他们要成晶了！"铯好汉说。

"成精？别瞎说，咱们尊重科学。我才不信量子世界里能成精呢！"圆子听了吓了一跳，连忙打断铯好汉。

铯好汉不解地摸摸头："就是要成晶啊——结成晶体。在宏观世界里叫作：冰！"

"哦！结冰就结冰嘛，还成精……吓我一跳。"圆子呼出一口气，想了想又继续说，"确实，就像我们这一路走来看到的，从水蒸气凝结成水，随着水的温度逐渐降低，这些水分子的排布变得越来越整齐，氢键的断裂重组也会减少。哎，铯好汉，你从液态转变成固态时会怎么样？也是这种四面体结构么？"

圆子没听到铯好汉的回答，忍不住又接着说，"现在他们应该完全结冰了，你看，水分子们组成的正四面体结构整整齐齐。怪不得我之前拿任何形状的容器来装水，水都会自动变成容器的形状。原来就是因为氢键不稳定，可以断裂再重组。"

"但对于冰块来讲，氢键和结构已经固定了，所以就没法再让冰适配任意形状的容器，是不是这个道理？"圆子还在目不转睛地盯着那些形成固定结构的冰，它们就像是之前她在西安看到的兵马俑一样，形状规则，排列整齐。

"老六，你们也要去超冷世界吗？那你们也会变成宏观的量子态吗？就像小氦哥说的那样？"圆子说完，忽然觉得身边异常安静，刚才一直在和她聊天的铯好汉，像是忽然被人按下了消音键。于是圆子一边回头一边说："你个老六，咋不回答我呀？你……"

圆子回头看到的景象，让她瞬间目瞪口呆。

只见铯好汉和铷大哥，被后面高速飘来的水分子缠住了。这些水分子因为速度太快，没有和大部分的水形成一个整体。

但是，这些游荡的水分子们，撞到了同样游荡着的极冷的铷原子和铯原子后，就在他们周围聚集起来，将他们团团围住，形成的冰晶直接把他们冻住了！

仔细看去，那些由氢键连接的四面体结构，正在以铯原子或铷原子为中心，继续连接后面涌来的那些游荡的水分子。他们不断地向四周蔓延开去，将圆子身后的铷原子和铯原子，接二连三地冰封住。在这个过程中，圆子看到他们半张着的嘴和挥动着的手，似乎都在向圆子示意：快跑，快远离这里！

"圆子！快来，快到我们这里来！"小氦哥朝着圆子大声喊。这喊声让呆愣在原地的圆子回过神来，拼命地朝小氦哥、小氦姐那边跑去。

大家拼命地朝前狂奔，跑过好一段距离后才停下脚步。"呼……这里应该安全了吧？不会再有游荡的水分子，用冰封术把咱们禁锢住了吧？"圆子喃喃地说着，抬起头看向远处，那里似乎飘起了雪花。

仔细看去，每个雪花的中心，都是被冰封住的原子们……铯好汉、铷大叔，还有老钾、老钠！他们刚才似乎有意在圆子身后组成一道屏障，试图把所有游荡的水分子都吸附在他们身上。他们竭力拦住所有的水分子，不让那些残余的水分子穿过他们追上圆子。

因为之前是圆子把他们从红带军团那里解救出来的，所以现在他们也心甘情愿地为她抵挡漫天的冰霜。所以，刚才老六并不是故意不回答圆子的问题，因为这就是他们的回答。

那些吸附着他们的水分子，跳过从气态到液态的凝结阶段，直接凝华——从气态变成了固态。凝华之后，变成冰晶的水分子，从冰封住原子们的位置开始，不断地向外蔓延，形成了六方对称的姿态。那六出的雪花，晶莹剔透，精妙绝伦，一片片，一朵朵，仿佛出自顶尖的艺术家之手。

他们以各自绚烂唯美的姿态，在远处上下翻飞，轻盈舞动，静谧而圣洁。他们以自己的方式，化为一场为圆子而飘落的雪。

"他们，他们应该是开心的吧……"点点的声音有些低落，"毕竟，世界上没有两片完全相同的雪花。他们，终于成了独一无二的自己。"

第五章

千人一面的宏观量子态

15.

流动的吞噬怪——宏观量子态

"点点，"圆子的声音里带上了一点儿哭腔，"他们，还会回来吗，还会自由吗？"

"会吧，当温度升高时，水分子就会离开，他们也就自由了。无论是铯好汉、铷大叔，还是水分子，他们都会散开，再次获得自由。"点点的回答像是对圆子的安慰。

"氧大哥之前不是挺好的吗？虽然嘴有点儿笨，但总是能让我们开心。但这一次，他为什么要拉着我的两个同族不放，为什么要封住铷大叔和铯好汉他们？他为什么要去做这样的坏事？"圆子噘着嘴，一脸义愤填膺。

"坏事？氧很坏吗？铷和铯很好吗？"点点歪着头不解地问，"量子世界里哪有什么好坏？这些不都是规则嘛！没有想与不想，只有应该与不应该。温度这么低，游荡的水分子碰到了冷的杂质的表面，就会形成四面体结构，就会蔓延出去，形成六角对称的样子。所以你说，这到底是谁坏呢？是这杂质坏，还是水分子坏，又或者是这低温的环境坏？"点点有些愤愤不平，但他也意识到，这是自己第一次产生这么强烈的情感和个人倾向。

点点的一番话和一连串的反问，让圆子沉默了。她尝试着跳出个人情绪，回想自然界中时时刻刻都在发生着的相变（比如，由水蒸气到冰的凝华）。

在之前的记忆里，下雪的冬天总是特别美，神奇的雪花漫天飘舞，像是神仙撒向人间的礼物。圆子从来都不会去想，雪花中的水分子到底坏不坏，或者被雪花冰封住的尘埃有多么无辜，她只会觉得美，觉得和朋友们一起玩雪很快乐。那捧在手中转眼就会融化的雪，并不会让她产生多么强烈的情绪。

就像前面正在赶路的小氪姐和小氡哥，这漫天的雪花，并没有引起他们过多的注意，他们并没有因此而停下脚步，仍是一刻不停地埋头赶路。

"咱们还要继续跟着他们往前走吗？前面可能会更冷。"点点见圆子沉默不语，试探着问道。

"走，我一定要回家。"圆子稚嫩的脸上，浮现出坚定的神情，"点点，如果更冷的话，我们会怎么样？"

"我也不知道，"点点说，"除了动作越来越慢，其他的我也不清楚，但是……"

"但是什么？"

"但是不管多冷，我都会一直陪着你"。点点冲着圆子绽放出笑脸。

"那我也没什么可怕的了，点点，咱们走吧！"圆子点了点头，紧紧地握住点点的手，微笑着回应他。

虽然这寒冷的环境让圆子和点点动作迟缓，但前面的氦原子们明显比他们的速度更慢。不一会儿，圆子就追上了队伍尾端的小氦姐。

"小氦姐，你知道前面会通向哪里吗？为什么你们都在不停地往前走啊？"圆子快跑了几步，上前问道。

"去另一个世界。据说极冷世界和极热世界是相连的，极大和极小在极端条件下也有统一的性质。大量的氦在那里有可能会变身，但至于变成什么样，我也不太清楚。"小氦姐呼出一口气说道。

"连变成什么都不知道，你们怎么还敢去呀？"圆子不由得感叹道。

"因为玻色子的变身呀，嗒——"小氦姐伸出手，指了指前面的小氦哥，"不只我不懂，就连他们也不清楚自己会变成啥样。你问我为什么要继续往前走，那你说，你觉得咱们还能往回走吗？你是想被冰封住，还是想被红带军团再关起来？"

圆子觉得这话有道理，回头路自然是行不通的了，虽然前路漫漫，充满未知，但是"车到山前必有路"嘛。既然不能后退，那就硬着头皮前进吧！

　　走着走着，队伍最前端忽然出现了一阵骚动，大家纷纷停了下来，圆子前面的几个小氦哥也停住了脚步。圆子和小氦姐踮起脚朝前张望，但乌泱泱的大部队一眼看不到头，他们谁也不知道前方发生了什么。

　　等了好一会儿，圆子实在压抑不住自己的好奇心，穿过议论纷纷的原子们，挤到了队伍的最前面。只见前方好像是一段长长的下坡路，但是在坡上，赫然出现了一个很大的凹形体，像一只巨大的碗，挡住了大家的去路。如果大家想继续往前走的话，势必要绕过这只"大碗"。

　　圆子看着那只"大碗"和那段又长又滑的下坡路，不由得脱口而出：

　　"这不就像冬天玩的滑爬犁吗？只不过现在，爬犁变成了大碗。"但似乎没有人在意她说的话，只听旁边一个小氦哥好奇地问同伴："前面这个凹形体是什么呀？"

　　"我哪知道？不过，如果这个凹形体翻过来，倒扣在地上，我觉得我应该能知道它是什么。"

　　"哦？那我也能知道，那应该是个半球！"又一个小氦哥加入了他们的讨论。

　　"棒球？什么棒球？"有个小氦姐问。

　　"半球！"小氦哥纠正她。

　　"那咱们怎么过去啊？"小氦姐又问。

"翻过去呗。"

"不行！不能翻，把它翻过来，咱们容易被扣在里面！"另一个小氦哥赶紧插话。

"谁让你翻这个碗了！我说咱们翻过去！"前一个小氦哥无奈地说道。

"我们在他面前翻跟头？这……耍杂技有用吗？你瞧之前那个抛'橘子'的，都把自己冻住了。再说了，我也不会翻跟头。"说话的小氦哥有些委屈。

"你，你都让我怀疑玻色子的全同性了！我要是和你完全相同，我真能把自己给蠢哭！"他的同伴一脸无奈。

"咱把它推下去不就完了！咱们把'大碗'推下去，然后再继续往前走！"有一个小氦姐提议。

"如果推过之后，它只滑了一下就停了怎么办？难道咱们继续推？那还不如一开始就绕过去呢！"成百上千的小氦哥和小氦姐，叽叽喳喳地争论个不休。看到这个凹形体堵在下坡的路上，大家一时间都不知道该怎么办才好。

"咳——咳——！"圆子大声清了清嗓子，"大家都静一静，听我说一句！咱们不是都想继续往前走吗？这个'大碗'既然表面很光滑，又在这个下坡的边沿。那咱们不如坐进去，把它当成一个交通工具，像滑爬犁一样滑下去不就好了？"

"对呀！""有道理！""是啊！"小氦哥他们都觉得圆子的方法可行，因为力学的规则会让这个"大碗"滑下去。

"在这么冷的地方，我们的动作只会越来越缓慢！正好借助这个工具，帮我们走过这段长长的下坡路！"

"对啊，只要坐进去，就不用自己走路了！这主意太棒了！"

"可是，那个'大碗'是空的吗，万一里面有奇怪的物质怎么办？"一个小氦哥问，随后又补充了一句，"而且这'大碗'，我们氦可爬不上去！"

"不然咱们先派一支小队进去看看？"一个陌生的声音提议。大家朝着声音的来处看去，赫然发现了一座"金字塔"！

定睛一看，原来那是一个由很多原子组成的分子结构！每个原子最外层有四个电子，中间的原子两只手一手牵一个，双脚踏一个，头上还顶一个，也组成了像水分子那样的四面体结构。

刚才说话的，是位于"金字塔"顶的那个原子，他正下方的另一个原子，通过四个电子，分别连接了其余的四个原子，他们也是这个正四面体的顶点。这些原子全都长得一模一样，让人不禁想起了曾经见过的水分子。

圆子小声问点点："他是谁啊？"

"他有六个电子……是碳！"点点也小声回答。

"碳原子，你说得对！"圆子朝着他走去，走近了才发现，这些碳原子叠出来的塔还挺高的，如果一直仰着头说话，很容易脖子酸。圆子只好看向塔底的碳原子，只一眼，就禁不住嘟囔道："咦，你也不黑啊？"

在圆子的认知里，碳的家族成员应该都是黑的，就像木炭、煤炭、焦炭……

"啊？"这个问题让碳原子陷入了沉思，"我，我应该黑吗？"

"哈哈，你说的，应该是我们的另一个阵型。"旁边的另一个碳原子说，"我们这个阵型叫'金刚石'，你说的那个阵型可能是'石墨烯'。"

"你们这不已经是一支小队了吗，这么高，还这么结实！正好帮大家探探路，看看'大碗'里有什么东西，危不危险！"一个小氦哥的声音忽然响起，接上了之前的话题。

"对呀，他们说他们的阵型是金刚石，不是石墨烯，说明做事不磨叽！"另一个小氦哥插嘴道。

"你答应了吗？"底层的碳原子面面相觑。

"我没有啊！"刚才说话的碳原子，在欢呼的小氦哥中间显得有点儿懵。

"既然气氛都烘托到这儿了，那不然，咱们还是去看看吧！"顶端的碳原子对底下的碳原子们说。

他们互看了一眼，纷纷说："行，那就听你的吧。"

于是大家纷纷给他们让出了一条路，还有一些小氦哥在后面伸出援手，帮他们靠近"大碗"。"金字塔"顶端的碳原子伸长了脖子，探头往"大碗"里看——

"里面什么也没有，是空的，可以进去！"碳原子的话音刚落，其他的原子们纷纷欢呼起来。小氦姐站在最前面，后面跟着小氦哥，大家接二连三地蹬着碳原子组成的"金字塔"，把它当成脚手架，一个接一个地往上攀爬，到达顶点之后，再轻巧地纵身跳进"大碗"中。

不一会儿，"大碗"里就装满了各种原子，其中最多的是小氦哥，还有一些小氦姐，而其他类型的原子就相对少了很多。圆子最后一个爬上去，回头看向来时的路，雪花还在不停地飘落。她转身来到"碗"沿，毫不犹豫地跳进了"大碗"。

此刻，"大碗"里装满了原子们，就像是盛满了大米饭一样。大家都仰头看向碳原子，仿佛在等待最后几粒米进入"碗"中。

圆子也跟着等了好一会儿，却不见碳原子有任何动作，奇怪地问："金刚石，你们怎么还不进来？"

"对啊，你们快进来吧！"里面的小氦哥也附和着。

"唉，还是算了吧，你们人太多了，'碗'里也没空间了，我们还是在后面慢慢走吧。""金字塔"顶的碳原子看向碗中密密麻麻的原子们，摇了摇头。

他下一层的碳原子朝他点了点头，小声说："也是，进碗之后，下去的速度倒是快，但谁知道进入比这里更冷的地方，又会发生什么呢？"

不能碰的雪花

旁边的碳原子接话说："而且，咱就是想进去，咋进去啊？咱们这结构太稳定了，也没法翻进去啊。"

"你们赶紧出发吧，别等我们啦！"碳原子们朝"碗"里的大部队挥了挥手。

"可是，这'大碗'怎么才能动啊？"碗里的小氦哥，开始在碗里晃悠起来。

"咱们重心朝前，一起向前挪挪！"小氦姐移动到'碗'沿边指挥着。

"还是不动啊，好像还没有完全进入斜坡！"圆子指出了问题的关键。

旁边的碳原子，看着他们一顿晃悠也没能让"碗"动起来，只好向前迈了一步："还是让我们来送你们一程吧！"

"走你！"只见"金字塔"的一个角贴近了"大碗"的外壁，碳原子们合力朝前一推，整个"大碗"底部渐渐贴上了斜坡，几秒之后，"大碗"就开始向下移动起来。

"动了，动了！"大家纷纷在"碗"里欢呼，圆子夹在中间，向着渐渐远去的碳原子们挥手道别。

等到"大碗"完全进入斜坡后，圆子才发现，这坡既陡又滑。随着"碗"滑动的速度越来越快，周围的环境温度也变得越来越低。"碗"里的氦原子们，也从一开始的兴奋，转变成了现在这样：一个个呵气搓手，冷得直哆嗦。

"咱现在确实不用自己走了，但之后，好像也没法停下来啊。"圆子感到有些不妙。

"是呀，不知道一会儿咱们该怎么出去。"点点也开始担心起来。

"主要是，怎么越来越冷……冷了？"一旁的小氦哥颤抖着说。圆子转过身去，发现身边的小氦哥都在发抖，他们抖动的幅度很大，方向却不同，像是在集体痉挛，看着怪瘆人的。圆子忍不住后退了几步，躲在几个小氦姐的身后。

"他们这是怎么了，看上去……好可怕啊。"圆子探出头来，紧张地对小氦姐说。

"我们也不知道这是怎么回事，刚才正说着话呢，他突然就不理我了。我一回头，他就这样面无表情地不停发抖，我还以为是他不舒服呢！谁知道周围的其他小氦哥也这样。真吓人。天呐，我不敢在这儿待着了，我想出去了。"一个小氦姐惊慌地回答。

"不然咱们往上爬吧，还是先离开这儿，不坐这个'碗'了！再冷下去，都不知道会怎么样呢！小氦哥可别变成什么怪物……"另一个小氦姐看着集体痉挛的小氦哥，心里发毛。

于是圆子和小氦姐一起沿着"碗"壁，一点儿一点儿地向上爬去。只是由于"碗"壁太光滑，她们爬得非常艰难，费劲爬了好久，也没爬多高，距离"碗"沿还有很远的距离。

"你们快看！"一个小氦姐突然出声，把大家都吓了一跳。她们回头看去，只见碗里的小氦哥突然之间不再颤抖，而是都笔直地站起身来。此刻他们整齐地站着，静默着，面无表情地注视着同一个方向，四肢僵硬，眼神涣散。

圆子忽然想起电影里看到的黑客机器人。要是此刻的小氦哥全都穿上黑色西装，再戴上墨镜，估计就可以拍科幻大片了。

"他们这是，'变态'了？"一个小氦姐目瞪口呆地说道。

"别看了，快，快爬！"另一个小氦姐的话像一颗石子落入平静的湖面，瞬间激起无数水花。圆子和其他小氦姐，这才如梦初醒般一股脑地朝"碗"口爬去。只是这"碗"壁太光滑，大家爬了半天都爬不上去，但又都不敢回头去看诡异的小氦哥。

"啊！"身后忽然传来一声尖叫，还没等圆子回过头，就发现小氦哥踏着整齐的步伐，出现在了自己周围。他们的速度很快，此刻正沿着"碗"的内壁行走，像是要把整个"碗"壁铺满。

遇到圆子她们时，他们就从她们的两侧绕过去。不知不觉间，圆子她们站着的地方，就像是被小氦哥刻意留出的一座孤岛。他们扩散的速度很快，只一会儿，就把整个"大碗"的内壁都覆盖了。

"这，这到底是怎么回事？"一个小氦姐颤抖着声音问道。

"我是氦，只不过，是'变态'的氦。"成千上万的小氦哥异口同声地回答。他们说话时，依旧身体僵硬、面无表情，但是动作却整齐划一。圆子看着眼前这奇怪的景象，不由得头皮发麻。

"是……挺'变态'的，你们……你们到底要干什么？"圆子害怕得紧紧攥住了点点。

"哪里来的我们？只有我一个！"所有的小氦哥用同一个声音说道。那画面真是说不出的诡异，"现在的我，只是变成了超流体，哈哈哈。"那笑声没有感情，听得人汗毛倒竖。

"超流体？"圆子好像在哪里听过，她看向小氦姐，"超流体是什么？"

小氦哥超流体

"超流体就是……"所有的小氦哥又异口同声地回答她，"低熵物质，同时也是宏观的量子物质。我把整个'大碗'的内壁和外壁都包裹住了，所以，我可以随意让身体自由地穿梭在这个'大碗'的内外。"

他停顿了一下，似乎是在思考："不过，我不算是粒子，我是一个巨大的波。组成我的，都是氦玻色子，所以我还有个更长的名字：玻色-爱因斯坦凝聚。所有组成我的氦，都处在最低能级上，所以形成了一个整体，也就是现在的我！"

"圆子，其实我们也是……"点点低声说了一句，此刻他正被圆子害怕地举在胸前。

"我们也是啥？'变态'吗？"圆子依旧精神高度紧张。

"我们其实也可以是波。你之前在遇到红带军团时问过我。我们这些原子其实像光一样，也具有波粒二象性，只不过在温度极低时波长变长，我们才会显现出波的特性。"点点兴奋地向圆子解释。

"所以我也能既死又活？既走左边又走右边？"圆子感到有些难以置信。

"按道理来讲，是的。"点点肯定道。

"那……咱们也能穿墙，穿过这个'大碗'到外面去吗？"圆子觉得她的大脑好像恢复运转了。

点点沉吟片刻，开口道："按道理来讲，能。"

"那咱们赶紧走啊，穿墙出去！"圆子急忙说。

"不行，咱们还不够冷，数量也不够多……而且，我也不知道怎么穿墙。"面对圆子的要求，点点无能为力地摊开了手。

"按道理来讲，如果做不到，你就没必要对我说这些。"圆子明显有些不开心了。

"是氢原子吗？"圆子的身边忽然传来一个苍老的声音。

"啊？"圆子忽然一惊，回头一看，原来是之前在电场河岸边看到的氚婆婆，"咦？您是……氚婆婆？"

"呵呵，"氚婆婆干笑了两声，指了指旁边的超流体说，"氢原子，你快去试试，试着拖住他。"

16.

旋转的双人舞——量子涡旋

原来，氙婆婆一直和他们在一起，毕竟她也是氦的同族，只不过从来没有谁注意到她。

"我……我吗？"圆子不确定地指了指自己。氙婆婆看着她点点头。

"嗯……好吧，氙婆婆，我有名字的，我叫圆子。"圆子冲着氙婆婆礼貌地笑了笑。

"好，圆子，你想个办法，拖住这个超流体！"氙婆婆哑着嗓子说。

圆子虽然不知道氙婆婆为什么让她这么做，但她还是听话地照做了。她想试着靠"聊天"来拖住这个超流体。

"超……超流体……"圆子转身面向超流体说，"你为啥叫作超流体呢，和水、油这些流体相比，你'超'在哪儿了？"圆子问得有些结巴。

"水和油？哼，它们是有黏性的。换句话说，它们的分子之间，总是有各种各样的力：拉力、排斥力等。每个分子都有各自的状态，分子之间又有摩擦力，这种内耗过大的液体，成不了什么气候，怎么可能与强大的我相提并论？我的原子之间是没有黏性的，也没有那些多余的力。所以我们团结起来，就是力量！"所有小氦哥一齐说。

"这么说，你让所有组成你的小氦哥，思想行动完全统一，拥有的力量就超越了所有流体咯？"圆子又问。

"当然！"超流体的声音里透出一种骄傲。

"那你说，作为一个整体，思想统一重要，还是行动统一重要？"

"当然是……是……"原本要脱口而出的答案，不知道为什么被卡在了嘴里。超流体觉得，这个问题并没有那么简单。"这是个好问题，我本来想说，行动上的统一更重要，毕竟行动统一，才是拥有巨大能量的基础。但如果思想不统一，那么早晚会造成混乱的局面。人心不齐，只是动作齐，是很难长久的。"

超流体停顿了一下，又继续说："如果人心齐，动作不齐，在短时间内，就需要进行系统地调整，可能会相应地损失掉一些时间。但从长远的结果来看，却更容易达到最理想的状态。所以，如果从长时间的角度来看，还是思想统一重要！"

圆子点了点头，觉得他说的很有道理。

　　"超流体，你也爬到'碗'的外壁了吗？"这时，氚婆婆苍老的声音忽然响起，打断了圆子和超流体的对话。

　　"当然，我早就把整个'大碗'给包裹住了，我也需要寻找最低的能量状态啊。"所有小氦哥继续异口同声地回答。

　　"呵呵，那你有没有发现，组成你的原子在减少啊？"氚婆婆忽然笑了起来。

　　"在减少？开玩笑，我这……咦？这！"所有的小氦哥刚开始还不屑地仰着头，随后却好像突然意识到了什么似的，全都难以置信地左看看、右看看，然后举起了一只手，疑惑地挠了挠头。

　　看到所有小氦哥此刻的表情和动作，再配上他们整齐划一的声音，圆子忽然觉得有些滑稽，像是看到了无比默契的舞蹈团在跳广场舞。

　　"哎呀，还真是！我怎么变少了呢？"所有小氦哥眉头一皱，连皱眉的方向和角度都一模一样。

　　"呵呵……虽然你一直包裹着这个'大碗'，但'大碗'却在不断地运动下滑。之前是'大碗'和地面摩擦，现在因为你的氦包裹了'大碗'，是你的氦原子们和地面摩擦。你忘了？所有和地面摩擦的氦原子都会被加热，而一旦被加热，获得足够的能量之后，他们就不再属于超流体，而是变回了常流体，如此，他们自然就会离开你。"氚婆婆气定神闲地说道。

"氙婆婆，但咱们下滑之后，温度也会越来越低啊，这不是对形成稳定的超流体更有帮助吗？"一旁的小氦姐突然发问。她们都属于惰性气体，而拥有 54 个质子和 77 个中子的氙婆婆，算得上是少有的氙费米子。

"但是维持他的稳定性不仅需要低温，还需要有足够的原子数。如果原子数不够，密度达不到要求的话，即使温度很低，超流体照样会土崩瓦解。"氙婆婆嘴角浮起淡淡的笑，然后回头看了一眼圆子："氢原子，干得不错！"

"为什么？为什么一定要消灭我呢？我这么人畜无害……"所有小氦哥的脸全都茫然地朝着同一个方向。

"你统一了思想，也统一了行动，你的力量太强了，所以不能让你一直是超流体这样的宏观量子态。"氙婆婆缓缓开口说。

"宏观量子态！"圆子突然想起来，自己来这里就是为了回家，回到宏观的经典世界！"超流体，你知道宏观世界吗？你知道怎么找到连接这两个世界的通道吗？"

"不知道，我只是听说过，这个极寒世界通过某种奇点和极热的世界相连。但是，是什么样的奇点，怎么相连，我并不知道。"

"奇点？"圆子不懂这个词是什么意思，"是奇怪的点吗？"

"我只听说，在这极寒世界的尽头，存在奇点。世界上有很多奇点，你可以理解成奇怪的点，奇就奇在，有些'量'

是不能被定义的，或者说，有些'量'需要趋向无穷大。比如，黑洞的中心被称为引力奇点，在那里，密度和引力场无限大；还有拓扑奇点，就是指某些场在空间中发生不连续或极端变化的点。"

小氦哥异口同声地回答，随后他们的表情又突然一变："喂！你怎么还在耗费我的时间，我的原子数又变少了！"

"我这次真不是故意的。"圆子抱歉地对超流体说。

"没关系，我不怕啦！"超流体的声音突然变得异常兴奋，"我看见了这个下坡的尽头！那儿是氦之海！那儿有大量的氦玻色子，所以无论你再怎么耗费我的时间，都没用啦，我马上就要到目的地了！那儿有源源不断的低温氦原子，不仅有玻色子，还有费米子！"

"啊！那么低的温度，又有那么多的原子，那氦之海难道也是超流体？"圆子想当然地问。

"当然是，你没看到那里的氦玻色子全都整整齐齐、动作一致嘛！"超流体兴奋地说。

"那你高兴什么呢？"圆子疑惑地问，"既然你们都是超流体，组成你们的原子都是氦，那你俩相遇后，不也会融合成一个整体吗？而且，氦之海明显比你这个氦之碗大得多，你要是掉进去，不就只有被它吞并的命运了吗？到那时候，你就不再是你，而是变成了他。"圆子的一番话让超流体的表情由惊讶变得有些错愕。

"哈哈哈，"氚婆婆突然笑了起来，"氢原子你说得对！前面巨大的超流体，会把他完全吞没，就像一滴水汇入了大海。那时他就无法再保留现在的意识，也没有了独立的思想，即使组成他的这些氦原子都还在，对他而言也没有任何意义了。"

"你这老太太，我招你惹你了，为什么非要置我于死地呢？！"所有的小氦哥齐刷刷地大喊，"我，我不融了！我要停下来！"

可是，在这低温世界里，超流体的产生或湮灭，都不是由他自己决定的；决定一切的，是这个世界里绝对的统治者——规则。因此，狂躁的超流体虽然一心想停下，但面对水滴融入大海的宿命，却无计可施。

只不过，超流体虽然没办法让这个"大碗"停下，但是小氦哥的分布却改变了重心的位置。让这个滑向氦之海的"大碗"，开始剧烈地摇晃起来。

"既然停不下来，那不如就翻车吧！"超流体一边说，一边嘴角向上歪斜，脸上带着奇异的笑容，开始不停地改变重心。于是，原本在斜坡上向下滑的"大碗"，滑着滑着就真的翻了！可惜，超流体并没能如愿阻止悲剧的发生。

只见下一刻，"碗"里的所有原子们，连着大碗一起，全都翻进了那个由氦组成的汪洋大海中！

圆子和其他原子们不断地向下滚去，好不容易滚到岸边，圆子抬头一看，却被海上的景象惊得目瞪口呆！只见所有的小氦姐，都在海中两两抱在一起。她们的抱法，不像碳原子之间的共用电子对，也不像水分子之间的氢键。她们拥抱的方式，让圆子想起了刚才的超流体。

"啊，这不对！"圆子嘟囔着。她回头看到氙婆婆，忍不住问："氙婆婆，小氦姐不是费米子吗？她怎么能形成玻色–爱因斯坦凝聚呢？明明性别不同啊！而且，不是说费米子不能处在同一个能级上吗？她们每一对的状态和表现，怎么都一模一样，就像……就像刚才形成超流体的小氦哥！"

"谁说费米子不能转化成玻色子呢？"氙婆婆反问圆子，"费米子的自旋是半整数，那两个费米子抱在一起，不就变成一个整体了吗？这样，自旋不就是整数了吗？自旋是整数，不就是玻色子吗？一旦配对成功，变成了费米子对，她们就会失去之前那样的独特性，唉……"

氙婆婆说完叹了口气，刚才那个"大碗"也滚到了岸边，还好圆子眼疾手快，将氙婆婆一把推开："婆婆小心！"

"大碗"从她们身侧碾过，快速地滚进了大海。只是滚进去的一瞬间，奇怪的事情又发生了！被"大碗"撞到的'小氦姐对'居然开始旋转起来。她们像是跳起了双人舞，但这种双人舞却不具备舞蹈的美感，而是一种奇异的旋转。

这种旋转，不像是水那样，旋转起来会在中间形成一个小漩涡；而是在小氦姐的周围形成了很多很多的空心涡旋，这些相邻的涡旋距离相等，构成了等边三角形。仔细看去，涡旋中间的空心很深，深不见底，不知道会通向何处。

"氚婆婆……这……这？"圆子一时说不出话来，她不知道该怎么形容看到的景象。

"原来，这就是超流体。"氚婆婆也看得出神，过了一会儿才接着说，"嗯，这才是超流体，这才是量子流体的独特性！想必你应该了解了我们所在的量子世界，也知道了它和经典世界的区别吧！"

婆婆好像是在考圆子，但现在的圆子，显然对量子有了更深的理解："我知道，就是构成世界的最小能量、最小单元是离散的，是一个一个的，而不是连续的！但是，这和构成三角形方阵的这些密集的小涡旋有什么关系呢？"

"当然有关系了！"氚婆婆回答，"经典的流体，比如水和油，你用勺子去搅拌，这些流体一旦旋转起来，中间就会出现一个漩涡。搅拌得越快，流体旋转得越快，而且中间的漩涡就会越变越大。这个慢慢变大的过程是连续的。"

氚婆婆耐心地给圆子解释，"而对于像超流体这样的量子流体来说，当他旋转得越来越快时，就会出现一个一个的小涡旋，而不是一整个大漩涡。而这些小涡旋一般都会整齐地排列，组成一个三角形的涡旋方阵。而且还有一个更神奇的特点，就是越靠近小涡旋的地方，流速会越快！"

圆子仔细看去，确实如此。正常来说，水旋转起来时，会在中心形成漩涡。如果把旋转的水想象成一个转动的车轴辘，那么这漩涡就是车轱辘的中心，越靠近漩涡中心，流速当然就越小；离漩涡越远，流速也就越大。

但超流体却不同！两个相邻的涡旋，旋转方向相反，越靠近涡旋中心，流速就越大，在与两个相邻的涡旋中心距离相等的点上，流速为零！

"圆子，跟着我走！我们只要沿着这些涡旋连线的中心点走，就是安全的，因为那里流速为零。"氦婆婆对身后的圆子说。其实这也是她第一次看见"量子涡旋"，所以她也是在摸着石头过河。

还没有完全回过神来的圆子，呆呆地跟着氦婆婆，一起小心翼翼地走进了这个超流体。的确如氦婆婆所言，如果沿着涡旋的中线走，走一个"Z"字形，是感受不到超流体流速的。

在这个过程中，圆子也顺便瞥了一眼那流速极快的涡旋中心。在那里，一个黑黑的空洞向下延伸，不禁让圆子想到了黑洞，想到了地理书上最深的海沟，只觉得一阵晕眩。

"婆婆，这个洞就是奇点吗？"圆子谨慎地跟在氦婆婆身后问。

"这些空洞的形成，其实就是因为拓扑奇点。换句话讲，超流体的流速会与到涡旋中心的距离成反比。我问你啊，如果没有空洞，涡旋中心位置的流速应该是多大？"

"如果和距离成反比，那……从中心到中心的距离是零，速度就是……无穷大！"圆子边想边说。

"会有流速无穷大的流体吗？"氙婆婆抬了抬眼皮。

"不……不会吧。流速可以很大很大，但怎么才能无穷大呢，无穷大又怎么定义呢？"圆子想不明白。

"对了，没法定义！你说奇怪不奇怪？"婆婆笑着眯了眯眼睛。

"哦！我明白了！"圆子恍然大悟，"流速无限大的点，是不可能存在的。所以这个无法被定义的点，就是奇怪的点，就是奇点！"

圆子明白了之后，突然停下了脚步，脸上的表情也变得凝重起来。她忽然朝着前面还在走"Z"字形的氙婆婆说了一句："谢谢你，氙婆婆。能遇见你们真好！"

氙婆婆回过头去奇怪地看了一眼圆子，她不明白圆子为什么忽然要感谢自己。看她没跟上来，氙婆婆下意识地想催促她，但她看到圆子脸上的表情，总觉得有些不对劲！圆子好像正在深呼吸，而她脸上的表情，也从最开始的恐惧和小心翼翼，变成了现在的紧张和跃跃欲试。

"你怎么了？"氙婆婆心中浮现出不好的预感。

只见圆子冲她挤出一个笑脸："谢谢氙婆婆，希望您一路顺利。不知道这奇点隧道通向哪儿，但我想去看看。"

"你说什么？你要穿过奇点？！"氙婆婆脑中警铃声大作，她下意识地想上前拉住圆子，却看到圆子朝着涡旋中心迈出了一步。就因为这一步，她便不再处于平衡的中心，不再处于这流速为零的中间地带。

圆子掉进量子涡旋

"快回来！你疯啦！"氘婆婆朝着圆子大喊。

圆子被卷进了涡旋。氘婆婆伸出的手徒劳地扑了空。只见圆子纤细的身影，瞬间就被涡旋吞没。氘婆婆缓缓直起身来，叹了口气，无奈地摇了摇头。但远远地似乎还能听到，深不见底的涡旋中传出了圆子的声音："氘婆婆再见！"

圆子跌入空心的隧道后，只觉得天旋地转，仿佛是掉进了洗衣机的旋转滚筒里。她虽然目光坚定，但心里一直不住地感到害怕。

这奇点隧道，究竟会通向哪里呢？

17.

极寒世界下的极热世界

氦之海的表面，布满了无数的空洞。这些空洞，组成了许多等边三角形，远远看去，就像是一只巨大的莲蓬。只不过，这个大莲蓬的孔洞里，似乎并没有莲子。

不对，有一个除外！在那个特别的孔洞里，一个氢原子正在加速坠落。超流体是没有黏性的，所以它的旋转也就不受阻力影响。因此，这些涡旋会一直旋转下去，而那些打开的孔洞，也不会轻易合上。

"点点，我们这是一直在加速吗？"圆子的声音在空洞的隧道中响起。

"是啊！这个隧道还会动呢，而且它不是笔直的，而是弯曲的。"点点回应着她。

"还好这个隧道足够宽，不然会摔得多疼啊。你不是说过，我们会被加速得很快很快，然后撞一下就能回去了？"

圆子还记得，点点在一开始和她提过的那个回到宏观世界的办法——大型粒子加速器。当速度达到无限大时，使粒子进行碰撞，就会产生巨大的能量，就有可能回到宏观世界。

"所以，只要我们在这个洞里不断加速就可以了吗？"圆子再次发问。

"我也不知道，但是像现在这样加速的力毕竟有限，要想达到加速器里那么快的速度，可能会需要更长的时间。"点点迟疑着说。

"我有一种感觉……我觉得我应该快回家啦！家里有爸爸妈妈，还有小猫咪，我真的好想念他们啊。点点，你能理解我吗？"圆子的眼中闪烁着希望的小火苗。

"我……不太能。我没有爸爸妈妈，也没有小猫咪。我不懂'想念'是什么？想念的程度又怎么衡量呢？"点点的眼中只有茫然和困惑。

"这个……想念的程度是没法量化的。我们可以比谁跑得快，因为可以测量'速度'；可以比谁更重，因为可以测量'质量'。但是，没办法比较谁更想念，因为'想念'这个东西，是没法测量的。"圆子想了一会儿后回答。

"不过我知道，爸爸妈妈一定也在想念我。虽然我觉得我更想念他们，但是他们也一定会觉得他们更想念我。嗯……所以我单方面规定，只要我开始想念，我的想念就是无穷大！嘿嘿。"圆子歪着头笑了笑，脸上洋溢着幸福。

"所以，你们觉得自己会比对方的想念更深，是因为在不同坐标系下的测量会有偏差！"点点似有所悟。

"啊？什么意思？"圆子反而不理解了。

点点继续说："你会想念铯好汉、铷大叔、氙婆婆……这些你在这个世界认识的个体吗？"

"当然会！他们是我的朋友，我会想念他们的！"圆子其实现在就有点儿想他们了。

在她和点点说话的瞬间，她的眼前掠过了她在这个世界里经历的一幕幕：电场河里的铷大叔，足球赛里的老钾和老钠，红带军团里的铯好汉，超冷世界里抛着"橘子"的氧大哥，超流体的小氦哥和小氦姐，还有氙婆婆……

"你能知道你有多想念他们，但是你能感受他们对你的想念吗？或许他们此刻也都在想念着你，但是你却感受不到。这就是在不同的参照系下，测量这份想念时的偏差。"点点说到这里时，眼睛里亮晶晶的。

"所以，我同意你的规定，在自己的坐标系下，自己的想念就是无穷大！"说到这儿，他又停顿了一下，然后小心翼翼地问圆子，"圆子，你……你会想念我吗？"

"哎哟，点点，你在说什么呢？想念都是在见不到对方时才会发生的。我不用想念你，因为我一直和你在一起，而且我还要带着你一起回家！一起回我们的宏观世界！我要带你去看看我的家，我妈妈一定会给我们做好多好吃的饭菜。你就别总吃光子了，那东西又不好吃。"圆子说着，摸了摸点点的小脑袋。

她想象着带点点回到家里的场景："爸爸肯定会对你特别好奇，他一定会对你问东问西的，哈哈，毕竟他是研究量子物理的嘛。哎呀，我都能想象到他啰唆的样子了！还有咪宝，就是我家的猫，它一定会不停地蹭你，朝你翻肚皮，朝你要吃的。它可贪吃了，不过它也超级乖！"

点点听着圆子给他形容经典世界里的种种事物：她的家和学校，她的爸爸妈妈和小猫。点点觉得，他也好想跟着圆子一起回去，去见识一下宏观的世界啊。

"咦？我怎么感觉这个隧道越来越宽了！"圆子忽然说道。

"是的，这个隧道变得越来越宽了，我们应该是……要出去了。"点点说着，看了一眼圆子。他感觉到，圆子攥着他的手更加用力了。经过了这么长时间的了解，点点早就知道，这是圆子紧张的信号。每次面对未知事物，或者看到奇怪的东西时，圆子就会下意识地把点点的手攥得更紧。

隧道的尽头会是什么呢？他们都不知道。只是渐渐地，他们好像感觉不到旋转了，就像滑入了一个大滑梯，恍惚间，就掉进了另一片黑暗之中。

"点点你看！那是星星吗？"圆子的另一只手指向远处。仔细看去，远处的黑暗里确实有闪烁的光点，就像是夜空中不时眨一下眼睛的星星。

"那是……"点点逐渐看清了那些光点之后脱口而出，"那是在碰撞！"

"所以我们到了吗？我们真的到这儿了，哇，原来真的有碰撞！那它现在产生巨大的能量了吗？"圆子突然间激动起来。

"是啊！你看到的光，应该就是在碰撞后产生的巨大能量辐射出来的光子！所以这里真的有对撞机！"点点也跟着开心起来。

"不是还有传言说，最冷的世界连接着最热的世界吗？一开始我还担心，冒险跳入奇点隧道，也不知道能不能进入对撞机，能不能回家呢！"圆子不由得大声感叹。

"这个传言也没有错。"点点思索着，继续说，"因为这个对撞机，其实就是让粒子们拥有很快的速度，然后进行碰撞。碰撞的瞬间，会产生很高的温度。我想，那应该就是传说中的极热世界。物质在碰撞中可能湮灭，而消失的物质，又转化成巨大的能量，也就是我们现在所看到的那一颗颗闪着光的星星。"

"我们会不会之后就变成其中的一颗星，闪烁着，闪烁着，然后下一秒就回到家里了？哈哈，回家之后，我要给你看看什么才是真正的足球赛，还要带你吃很多好吃的。"圆子喜滋滋地说着。

她说完，就看到前方闪着光的星星，好像组成了一个巨大的圆环，而离自己较近的地方，好像就有一个较小的圆环。"咦？那好像电场河啊……"圆子不确定地说。

"是的，很像电场河。"点点也看见了。

"那咱们也不怕，我看那条电场河里没有小紫球，而且，就算有，我们也不怕！"圆子想起她拉着点点穿过电场河中间的紫球流，那一段经历真是惊心动魄，又好在有惊无险。

"点点，你看那边是什么？好像是一条线！"圆子又被另一个不明物体吸引了注意。

点点顺着她的目光看去，发现那是很多和点点一样的电子，他们飞舞着组成了一条线！

"可能是这个大加速器的入口！咱们过去看看！"点点当机立断。

刚刚从隧道里出来的他们速度很快，不一会就飘到了那条线前面。

"点点，这就是一条线，应该不是对撞机的入口吧？我看下面是电场河，咱们不然先穿过去，再找入口。"圆子想了想提议。

"圆子，你仔细看，这是一条线吗？"点点的神情有点儿严肃。

圆子靠得更近了一些，她仔细看了看，才发现原来这条线是由无数个电子组成的。那些像点点一样的电子们，正沿着一个方向飞速地奔跑，所以从远处看过来，就像是一条线。

"哦！点点，原来这是你的同类，他们跑得好快啊！咱们见过光子流、原子流，这还是第一次看到电子流呢！"

"那咱们快过去吧！圆子，你想想看，原子流和光子流都有可能帮你加速，那这个电子流，说不定也可以呢！而且我马上就要跟你回到宏观世界了，我也去和这些同族们打声招呼、告个别吧！"点点握了握圆子的手，笑着说。

"好呀！"圆子点点头。

"圆子，你真的很勇敢！"点点居然开始夸起圆子来了。

"哈哈，点点你也是啊！我做了好多鲁莽的决定，应该给你添了不少麻烦吧。不过幸好有你陪着我！"圆子摸了摸脑袋，笑着看向点点。

"谢谢你，圆子，你也教会了我很多东西。"点点看着圆子的眼睛，认真地说。

"哎呀，点点，你也教会了我很多东西！等咱们回到家，我要教你更多的东西！千奇百怪的，你肯定都没听说过！"圆子拍着胸脯保证。

他俩说着说着，不知不觉间就飘进了电子流。

就在这时，点点忽然大声地喊出一句："在我的参照系下，我的想念就是无穷大！"

"你说什么傻话呢？"圆子还没有反应过来点点为什么要莫名其妙地说起这句话，他们就进入了正在高速运动的电子流里。

只见无数个和点点一样的电子，纷纷绕过圆子，全部撞向点点！突如其来的变故，让圆子来不及反应。她只觉得，迎面而来的巨大推力，让她一下子松开了点点的手。她手中空空，头脑中一片空白，什么也来不及说、来不及做，就眼睁睁地看着点点离她而去了！

点点被这些高速飞来的电子撞得几乎变形，就好像一滴水被浪花卷入海中。这是自圆子进入这微观的量子世界以来，第一次松开点点的手！

"点点！我的点点！"圆子惊慌失措地大喊，"你为什么要松手啊？你知道我们会被冲散的，是不是？点点你好傻！我的傻点点！"圆子说到最后，有些喘不上气，这从天而降的意外，让她一时无法接受。

"你才傻，我不离开你，你怎么加速啊！圆子，这是我第一次骗你，也是我第一次自己做出选择。"点点笑着安慰圆子，他还记得和圆子初见时，她正急得哭鼻子呢。没想到共同经历了这么多，要分开的时候，圆子仍是那个表情。不过，这也算一种始终如一吧。

"你说的世界真美好，替我好好享受吧！我会想你的，圆子！"最后定格在圆子眼中的画面，是点点渐渐远去的笑脸。

就这样，点点消失在了高速运动的电子流中。而他最后的那句话，却还在空中回荡，久久没有散去。

点点的离去

  当圆子听到点点最后一次喊她名字的时候，眼泪唰的一下就涌了出来。她禁不住号啕大哭，泪流满面。她习惯了点点在她身边，习惯了那个一开始面无表情，一直和她强调规则，后来渐渐变得会笑、会闹、会生气，向往自由，还能自己做出选择的点点。

  圆子茫然地穿过不停闪烁的电子流，看向那些和点点一样的电子们，他们都有着一样的脸、一样麻木的表情和统一的动作。圆子不知道，哪个才是她的点点，但她又清楚地知道，这里没有她的点点了。

  因为她的点点，一定是这个世界里独一无二的存在，因为他有名字，他不叫电子，他叫点点。

　　"点点！"圆子朝着那些电子的背影哭喊着。但成千上万的电子，全都决绝地向前飞去，没有一个电子回过头来看她一眼。

　　突然之间，圆子感受到一股强烈的拉力。在这股力量的操控下，她居然不由自主地转起圈来！

　　"啊——"

18.

这还是我的家吗

圆子不知道是什么力量在带着她兜圈子。

"这不是电场河……"她喃喃自语，似乎还在期待着身侧来自点点的回应。但是这一次，没有任何声音，也不再有任何回应。圆子吸了吸鼻子，抬起头来。她知道，现在的她，得自己面对所有的未知了。

圆子能感觉到，自己受到一个向心力牵拉着旋转，就好像地球绕着太阳转一样。但不同的是，她每次都只能转过一个半圆轨道，转完这个半圆轨道之后，她就会感受到一股推力。这股推力取代了原本和她运动方向垂直的拉力，沿着她运动的方向，让她加速。

"所以说，中间这让我加速的地方，是电场河。但是河水流动的方向，总是垂直于河面，而不是沿着它原本的方向。每一次加速穿过这条河，到达对岸之后，那个让我旋转的力又会再次出现，牵引着我画一个更大的半圆，在画这个半圆时，我的速度大小保持不变。但画完半圆之后，我将再次进入电场河，又经历一次直线加速。"

圆子试着厘清思路，只是她刚想到这儿，就又被推进了电场里，进行直线加速。她在空中划过的轨迹，就像是老式的蚊香，一圈一圈的呈螺旋状。而这让她一直画圈的区域，就是自上而下的磁场。

"点点之所以选择离开，应该就是想让我带有正电荷，这样，我就可以在这电场里加速了。"圆子心想。

她在这电场和磁场中交替运动着。先在磁场中画圈，再在电场里加速，然后再进入磁场继续画圈，如此循环往复，就像是赛车匀速开过半圆的车道之后，直线加速，然后再以更快的速度画出一个更大的半圆。

圆子数不清自己究竟旋转了多少圈，只知道自己好像在不断地加速。突然之间，牵住她的那个力消失了，她的轨迹不再是圆圈，她径直被抛了出去！就像是那根一直牵着她加速转圈的绳子突然断掉了一样！

只不过接下来，又是漫长的加速。

在之后的直线加速中，圆子感觉自己的身体好像越来越沉重了。不知道是不是刚才被转晕了，她感觉身后的景象渐渐呈现在眼前。就像汽车两边装了后视镜一样，平行的物体渐渐被压缩到她视野的前方。

无声的加速是孤独的，但越来越快的速度，确实让圆子感受到她的身体里蕴含着巨大的能量。只是，这种能量并没有让她觉得离家越来越近，反而越来越让她感到害怕。如此大的能量，如此快的速度，在撞击之后，会不会让她粉身碎骨呢？她开始想念点点，开始质疑自己的决定，但她别无选择，依然在无声地加速。

"啊！"圆子突然看到另一端也有一个速度极快的质子，朝她的方向奔来。那个质子和圆子一样，也是一个失去了电子的氢原子。眼看就要和迎面而来的"自己"撞在一起，圆子很想躲开，但她现在却动弹不得，只能眼睁睁地看着。

"圆子别怕！"她对自己说，"加速到光速，然后对撞，爆发出的能量就能带你回到宏观世界，回到原来的家了！"

轰——

两个质子，以接近光速的速度相撞，小小的身体释放出巨大的能量。这一刻，黑暗空间的中心又多了一颗闪耀的星。碰撞时绽放出的白光，好像在诉说着约 138 亿年前宇宙大爆炸时发生的故事。

圆子只觉得眼前的世界瞬间化为一片刺眼的白，然后伴随着一阵轰鸣声，圆子缓缓地闭上了眼睛。

…………

不知过了多久，紧闭的双眼才开始慢慢睁开。取代刚才那一片白色出现在视野中的，是被留下的暗斑，就像是小时候贸然地直视太阳后，视线里留下的黑点。直到暗斑渐渐消失，视力逐渐恢复，圆子才慢慢看清了眼前的事物。

她迟缓地抬起头，发现自己仍旧坐在爸爸的办公室里。熟悉的桌椅，熟悉的书柜，还有墙上一直挂着的之前她并不熟悉的两个科学家的照片。现在看过去，圆子才恍然发现，原来他们一个叫玻色，另一个叫费米。

窗外的阳光透过玻璃，直洒在圆子的脸上。她抬手挡住这刺眼的光芒。

"原来，这竟然是一场梦啊……怎么会那么真实？"圆子仍然有些恍惚。

她看到桌上放着的那本爸爸写的书，书的封面似乎被水浸湿了。圆子摸了摸嘴角，不觉笑出了声，原来是自己睡觉时流出来的口水啊。她用手擦了擦书的封面，把那本书打开，熟悉的名词再次映入她的眼帘——就像见到老朋友一样，圆子用手抚过书上的字，觉得十分亲切。

她一时分不清，这些内容到底是之前爸爸给她讲过的，还是她在梦中经历的。

"要是所有的知识，都能通过枕着书睡一觉就能被刻在大脑里就好了。"圆子自言自语地感叹。

她看着书里出现的名词：超流体、玻色-爱因斯坦凝聚、多普勒冷却、光镊等，忽然觉得怅然若失。只是在她翻到书的最后一页时，突然从书里掉出了一页纸。

"咦？这好像是一封信。"圆子展开那页纸，信的开头赫然写着："亲爱的圆子"。

"这……这居然是写给我的？"圆子难以置信地盯着那行字，再三确认，"哦，可能又是爸爸给我写的生日祝福，提前被我给发现了！"

圆子想当然地觉得，这封信应该是爸爸写给她的，不过，读着读着她就改变了想法。

　　亲爱的圆子，当看到这封信的时候，你一定已经回到了心心念念的宏观世界吧。那里有你的爸爸妈妈，还有你的小猫。我也可能历经了无数次的分分合合，最终，又成为某个原子的一部分。

"奇怪！这不像是爸爸的口吻，更像是……"圆子赶紧翻到信的落款处，没有署名，只有两个圆点。

"难道是……点点？是点点？"圆子的脑袋"嗡"的一声，难以置信地喊出了声，"不会吧！难道这不是一场梦？点点是怎么出现在现实世界的呢？而且……他还会写信？不可能啊！"圆子强压下心中的疑惑，回到信的开头，继续看下去。

　　我是一个电子，诞生于宇宙大爆炸之初，算起来，已经有 130 多亿岁了。但是我的记忆是断断续续的。我早已记不清，自己曾经是多少原子的外层电子，也记不清有多少次离开原子，成为一个自由电子。

我曾经在电场河里松开过手，被冲进过两极监狱，也曾经加入过高速的电子流，把其他氢原子的电子打散。我曾经也像小氦哥一样可以穿墙、拥有分身术，就是那种——既死又活的量子叠加态。

在这漫长的岁月里，我没有做过什么个人选择，也不知道什么是感情。就像我一直对你说的，主导我的，从来都不是我自己，而是规则。直到……我遇见了你。

圆子，你是那么与众不同，你勇敢、聪明、真诚而又善良。你给我取了一个名字，叫点点。是你让我在无数的电子中，变成了独一无二的那一个。是的，至少在你眼中，我是独一无二的。

我们渡过电场河，穿过彩虹谷，击溃了红带军团，又进入了极寒之地，跳进了量子涡旋。和你相遇、经历过的种种场景，于我而言，是最最难忘的记忆，我想，对于你来说，或许也是这样。

曾经的我，觉得所有一切皆是规则：无论动静，皆是受力；如何扩散，如何运动，全看能量是否更低，熵是否更大。

我不去选择，也不想去反思，因为我认定规则是这世界背后的统治者，他的权力大得可怕。但和你在一起后，我渐渐发现'认定规则，让一切成为定数'的这种想法才是最可怕的。

因为这种"认定"，会把所有发生的事实，都归因于规则，而使我们放弃自己的思考和自己的判断。你带着我穿过电场河，也是你带领大家，利用量子叠加态的规则击溃了红带军团。你的勇敢和乐观点亮了我。

和你在一起的种种经历，让我感受到：规则，虽然有时候会给我们带来无力感，但又何尝不是我们安全感的来源呢？

因为有规则，所以才会有规律，而追求规律的根本，也是在追求秩序背后的那一份安全感。我们知道牛顿定律，就知道物体在宏观世界的运动规律。知道薛定谔方程，就能判断量子世界里粒子的分布。只要知道明天太阳依旧会升起，我们就不会对今天的日落感到恐慌。

所以规则下的规律，会带来恒定的安全感。

但你，是规则世界里的不确定因素。你的出现影响着我们，也改变了我们，让我们在量子世界里做出了不同的选择。就像铷原子，他们选择接替你去把守双缝城门，阻击红带军团；还有铯原子，他们选择凝华成冰晶，为你抵挡寒流。

最后，我也选择被电子流冲散，让你变成带电的质子。只有脱离了我，你才能在回旋加速器中加速、碰撞，去你想去的地方。原谅我的自作主张，但我总是要离开你的。就像成长，也总是要伴随着离别的哀伤。

谢谢你，圆子。你让我第一次体会了想念。你向我解释过想念，我现在对它有了自己的理解——想念，或许就是，不习惯曾经一直陪伴自己的那个人离开。

但其实你不用想念我，因为在你的世界里，到处都有电子。他们未必是我，但他们却都可以是我。我选择继续留在量子世界，当然会再遇到无穷多的质子，但是圆子，却只有一个。

我相信，无论在哪里，你都会发光的。好好地体验和享受美丽的宏观世界吧。

要记住，在我的参照系下，我的想念就是无穷大！

不知不觉间，圆子觉得脸上冰冰凉凉的，她抬手摸了一把，才发现脸颊上早已划过两道泪痕。她又快速把信看了两遍，几个大大的疑问浮现在她心中："为什么爸爸的书里会有这样一封信？为什么这封信是以点点的口吻写的？难道刚刚发生的一切，不是我做的一个梦吗？"

"是啊！我应该去问问爸爸，他或许知道这是怎么回事！"

圆子朝前走了几步，用力地拉门，出乎意料的是，那扇门却纹丝不动。圆子惊慌地大喊："爸爸！爸爸！你在外面吗？"门外却没有半点声响。

圆子又走到窗前，发现窗户也紧闭着，怎么也打不开。圆子心中疑窦丛生，她抬头看了一眼墙上的挂钟——

　　"奇怪！钟没有在走，它的秒针和分针是静止不动的！"

　　圆子跌坐回椅子上，无数个疑问在圆子的头脑中盘旋升起：

　　"这……这还是我的世界吗？这里还是我的家吗？爸爸妈妈，你们到底在哪儿？"